Introduction to Geometry

기하학개론

고석구 지음

KYOWOO

머리말

기하학은 유클리드 기하학과 비유클리드 기하학으로 대별할 수 있다. 본 교재는 학사과정의 2-3학년의 기하학 과정을 위한 것으로서 (평면) 유클리드 기하학, 아핀 기하학, 구면 기하학과 비유클리드 기하학의 대표인 쌍곡기하학등을 해석적인 관점에서 다루었다. 이는 고전기하학에 대한 공리론적 접근이 근원적이긴 하지만 현재에 있어서는 더 이상 최상의 방법이 아닐 수 있고, 예전보다 더 큰 흥미를 유발하지도 못하는 것 같기 때문이다.

본 서를 공부하는데 필요한 몇 가지 기본개념은 1 장에 간단하게 언급되어 있다. 초등 초월함수에 대한 것은 1학년 1학기에 미적분학에서 배우는 정도면 충분하다.

이 책은 몇 가지 목표를 설정해 두고 쓰여 졌다. 먼저 평면 유클리드 기하학과 비유클리드 기하학의 고전적인 결과와 기하학적 사실에 익숙해 지도록 하고, 서로간의 관련성을 제공해 주는 것이다.

두 번째 목표는, 오늘날의 학문이 그러하듯이, 기하학도 수학의 다른 분야 – 대수학, 위상학, 실해석학및 복소해석학 등 – 와 유리되어 다루어 질 수 없기 때문에 그것들에서 만나는 개념들에 대한 구체적인 근거를 제공하는 것이다. 그래서 각 과목간의 괴리를 파괴하고 수학의 진정한 맛을 느낄 수 있는 기반을 형성하고자 한다.

수학공부의 기본자세는 어떤 것의 존재의 문제에만 관심을 두는 것이 아니라 구성의 문제에까지 관심을 갖는 것이다. 이를 뒷받침하기 위해 세 번째 목표로 기하학적 조사를 위한 계산 기술과 자세의 축적을 제공하고자 하였다.

쌍곡기하학에서는 기하학 본래의 성질과 더불어 복소해석학과의 밀접한 관계를 살펴 봄으로써 쌍곡기하학에 대한 신비성을 다소나마 제거해 주었다. 또한 후일 복소해석학과 리이만면 이론의 공부에 이용할 수 있도록 하였다. 쌍곡기하학의 개념과 계산기술에 익숙한 것은 수학을 공부하는 학생들에게 풍부한 재산이 된다.

모든 기하학개론서에서 가장 많이 다루는 사영기하학은 4.8절에서 구면기하학의 관점에서, 또한 5.9절에서 쌍곡기하학의 관점에서 간단히 다루었다. 이것은 이 책을 유클리드 기하학과 비유클리드 기하학의 비교에 주안점을 두기 위해서이다 (5.2 절).

이 책의 전개에서 반사변환이 중요한 역할을 한다. 이 변환은 다른 변환을 구성하는 기본이 되고, 유클리드기하학, 구면 기하학과 쌍곡기하학에 공통적으로 적용이 된다. 그 논의 과정을 잘 살펴보기 바란다. 또한 각각의 기하학에 있어서 어떤 한 기하학에서 제시된 정리와 개념에 대해 다음과 같은 질문을 해 보면서 공부하는 것이 바람직하다 하겠다 : 이 정리는 다른 기하학에서 성립하는가 ? 그렇다면 그것은 옳은가 ? 같은 증명이 가능한가 ? 어떤 수정이 필요한가 ? 어떤 통일된 개념들은 분명하지만 (예를 들어, 세 반사변환정리는 모든 형태의 속에 대해 모든 기하학에서 성립한다), 다른 명제 (예를 들어, 삼각형의 세 변의 수직이등분선은 한 점에서 만나는 것)는 어떤 알맞은 재구성을 하면 맞을 지라도 보편적으로는 옳지 않다.

역사적 단상을 다룬 후 1장은 약간 빠른 속도로 살펴 보는 것이 전체적인 흐름을 위해서 바람직 할 것으로 본다. 기하학의 가장 기본적인 것을 통하여 나타나는 수학의 아름다움을 마음껏 맛볼 수 있기를 바란다. 초판을 낸 후 여러가지 오류들을 수정하여 본 수정판을 내게 되었지만, 이 분야에 대한 본 저자의 짧은 학문으로 인해 또 나타날 수 있는 오류들에 대해 독자 여러분들의 질책과 격려가 있기를 바란다.

이제 이 책을 완성하기까지 인내해 주고 격려해 준 아내 요정과 딸 원영, 아들 관영에게 고마움을 전하고 어려움을 무릅쓰고 출판에 힘써 주신 교우사 오판근 사장님과 직원들께 감사드린다.

1999년 9월
저 자 씀

차 례

제 0 장 역사적 단상

0.1 Euclid의 기하학 : The Elements

현존하는 모든 기하학의 근간은 Euclid 기하학이다. 따라서 먼저 Euclid 기하학에 대한 모든 것을 알아야만 한다. 불행하게도 잘 알려진 기하학의 정의는 우리가 생각하는 것보다 더 어렵다. 실제로 D. Hilbert(1862-1943)의 후반기 연구업적에 기반을 둔 현재 사용되는 여러 형태의 기하학에 관한 사실들을 완성하려고 수많은 수학자들이 수천년간을 투자하였다. 말할 것도 없이 후대 사람들은 현대의 형태는 부족하고 다른 모양을 특성화해야 한다고 생각할 지 모른다. 이러한 관점에서 본 저자는 주제에 대한 간단한 역사와 그 내용들의 불완전한 서술을 함으로써 이 논쟁으로부터 벗어나고자 한다.

기하학은 도형들의 길이, 넓이, 부피등을 측정하는 관점에서 기원전 수세기 전부터 여러 문화에 걸쳐 자연발생적으로 발전되었다. 우리가 알고 있듯이 기하학의 과학, 즉 유효성의 증명에는 단지 순수한 이성만이 필요한 이상적 도형들에 관한 추상적 명제들의 모임은 그리이스인들에 의해 창조되었다. 역사학자들은 기하학의 기원은 Thales 라는 학자라는 것에 동의한다. 그러나 그는 B.C. 585년의 일식을 예견한 것으로 알려진 것 이외에는 특별히 우리에게 알려진 것이 없다.

B.C. 300년경에 알렉산드리아의 Euclid는 그 시대의 기하학의 아름다움의 일부를 책 - The Elements - 으로 엮었다. 이 책은 그 후 2000년간 모든 기하학자들의 연구의 출발점이 되었다. The Elements는 13권으로 이루어져 있는데 그 내용은 다음과 같다 :

- I - IV : 삼각형과 원의 기하학

- V - VI : 기하학적 비율이론
- VII - IX : 정수론
- X : 무리수론
- XI - XIII : 입체 기하학.

Euclid의 The Elements는 성경과 코란같은 성서를 제외하고는 원본이 분실되었다는 사실에도 불구하고 세계에서 가장 많이 연구되어졌던 책일 것이다. 놀랍게도, Euclid에 관한 우리의 지식은 그 당시 사람들과 그의 계승자들에 의해 전해 내려온 주해서, 노트, 참고들에 의존하고, 이로부터 The Elements는 재구성되어져야만 했다. 가장 중요한 자료중의 하나는 A.D. 10세기경에 만들어진 A.D. 4세기 이전 어느 때에 집필된 Euclid 원본의 복사본인 Greek 원고이다. 이 원고는 그것이 Vatican 도서관에서 발견된 17세기까지 일반적으로 알려져 있지 않았다. 지금은 Internet을 통해 살펴 볼 수 있다. (http://aleph0.clarku.edu/~djoyce/java/elements/elements.html 과 http://sunset.backbone.olemiss.edu/~rpagejr/euclid.html)

이러한 Euclid의 업적은 수세기동안 수많은 언어로 번역되었고, 수많은 문화에서 기하학의 내용을 필수적으로 정의하였다. 결과적으로 우리도 같은 규정을 사용할 것이다. 즉 Euclid 기하학이라면 Euclid의 책에서 전개된 바로 그것을 말한다. 이것으로 인해 우리가 필요한 때는 언제든지 참고할 수 있는 잘 정의되고 잘 알려진 지식의 틀을 항상 제공받을 수 있는 혜택을 갖게 되는 것이다. 더우기, Euclid의 공준중의 하나를 부정함으로써 **비 Euclid기하학**이라는 용어를 정의할 수 있게 된다. Euclid 기하학과 Euclid의 기하학은 본질면에서 같지 않다. 실제로 Euclid의 공준들은 불충분하고 그의 증명들은 불완전하다. Euclid가 추구했던 완전성을 얻기 위해 19세기 전반에 걸쳐 많은 연구가 진행되었다. 이 노력은 Hilbert에 의해 그의 책 "The Foundations of Geometry"에 집대성 되었다. 그는 이 책에 완전한 공리군을 실었고 보통 Euclid 기하학으로 알려진 지식의 틀이 어떻게 그것들로부터 유도되는 지를 보였다. 이제 Euclid의 업적의 일단을 살펴보자.

먼저 그는 사용하는 용어들–점, 선, 평면 등–을 정의하였다. 그런 후 그것들이 옳다고 인정할 수 있을 정도로 분명하게 보이는 다섯가지 공준을 증명없이 적었다. 이것으로부터 그는 거의 500 개의 기하학적 명제 또는 정리를 유도하였다. 이것들은 대부분 전혀 자명하지 않지만, 모든 정리들이 수용가능한 논리의 법칙을 따라 처음 (자명한) 주장으로부터 생성되었다는 사실에 의해 보장되었다. 그 시대에 있어서 대단한 것이지만, Euclid의 방법들은 현대적 표준에 의하면 불완전하다. 처음에 그는 모든 것을 좀 더 익숙한 말로 정의하려고 시도했으나, 때로는 그가 제거한 것보다 더 혼란스러운 것을 만들었다. 다음 예들이 그것들을 보여준다 : **점**은 부분이 없는 것이다. **선**은 끊기지 않는 길이이다. **직선**은 그 위에 점들이 균등하게 놓여 있는 선이다. **평면각**은 만나는 두 직선의 서로에 대한 경사이다. 직선이 다른 직선과 만날 때 이웃하는 각이 서로 같다면 같은 각의 각각은 **직각**이다.

유클리드는 길이, 거리, 경사, 또는 "만난다"의 정의를 하지 않았다. 한번 정의를 만든 후에는 전혀 그것들을 사용하지 않았다. 그는 대신 그가 내포적으로 가정했지만 서술하지는 않은 다른 공준들과 다섯가지 공준들을 세울 때 정의된 단어 사이의 '상호작용'의 법칙을 썼다. 유클리드의 다섯가지 공준들은 다음과 같다 :

I. 임의의 서로 다른 두 점을 지나는 직선 l 이 유일하게 존재한다.

II. 임의의 직선안에 유한 선분을 연속하게 잡을 수 있다.

III. 중심이 있고 반지름이 있는 원이 존재한다.

IV. 모든 직각은 서로 같다.

V. 두 직선에 동시에 내리는 한 직선이 같은 쪽에서 2 직각보다 작은 내부각을 이룬다면, 두 직선이 무한대로 연결될 때 각이 2 직각보다 작은 쪽에서 만난다.

유클리드는 비록 그의 첫번째 정리에 사용했지만 다음의 공준을 발표할 필요성을 느끼지 못했다.

"반지름들의 합이 그들의 중심간의 거리보다 크고, 반지름들의 차가 중심간의 거리보다 짧은 두 원은 반드시 교점을 갖는다."

왜 유클리드가 그의 다섯가지 공준을 구체적으로 논의하기 위해 뽑아 냈는지를 묻고 생각해 보는 것은 당연하다.

0.2 비 Euclid 기하학의 탄생

수학의 가장 매혹적인 면들 중의 하나는 옳으면서도 동시에 그를 수 있는 명제들이 존재한다는 것이다. 이것들 중 가장 유명한 것은 아마도 논쟁을 일으킬 만한 **평행선 공준**이라고도 불리는 앞의 Euclid의 공준 V일 것이다. Euclid 자신도 이 공준을 전적으로 믿지는 않은 것 같다. 이는 그가 그의 위대한 업적 "The Elements" 안에 있는 처음 28개의 성질들을 이 공준없이 증명함으로써 할 수 있는 한 이 공준의 사용을 피했던 것에서 미뤄 알 수 있다. 유클리드 이후에, 수학자들은 유클리드가 논의하기를 소홀히 한 가정들을 구체화하려고 시도했었는데, 특히 관심을 끈 것이 바로 이 평행선 공준이다. 그것은 단지 직관적인 흥미일 뿐 거추장스럽고, 사람들은 그것은 유클리드의 처음 네 개의 공준, 정의들과 28개의 성질들로부터 유도될 수 있을 것이라고 느꼈다. 다섯번째 공준에 대한 많은 "증명들"이 제시되었으나 그것들은 대부분 우리가 증명해야 할 것과 동치인 숨겨진 가정들을 포함하고 있다. 그러한 동치조건들 중의 세 개는 ;

I. 두 개의 만나는 직선은 같은 직선과 평행일 수 없다. (Playfair)

II. 평행선들은 서로로부터 일정한 거리를 유지한다. (Proclus)

III. 삼각형의 내부각의 합은 2 직각이다. (Legendre)

1763년에 Klügel은 유클리드가 평행선 공준을 서술한 뒤 2000년 동안에 그것을 증명하려 했던 모든 중요한 시도들을 평가한 논문을 썼다. 그는 조사한 28개의 증명 중 한 개도 만족할 만한 것을 찾지 못했다. 특별히 관심을 가질 만한 것은 J. Saccheri (1667 - 1733)의 연구였다. Saccheri는 다섯번째 공준의 부정을 가정하고 모순을 이끌어 내려는 희망하에 논리적 결과를 유도했다. 그는 이상하게 보이는 많은 결과들을 유도했는데, 그는 그 중의 몇 가지는 유클리드의 다른 공준들과 불일치한다고 주장했다. 실제로, 그는 오늘날 우리가 쌍곡기하학이라 부르는 몇 가지 기본적인 사실들을 발견했다.

Gauss(1777 - 1855)는 이 부정은 결코 모순을 이끌어내지 못하고 이 기하학은 유클리드의 그것과 다르게 나타날 수 있음을 감지한 최초의 수학자였다. 그를 강타한 이 생각은 너무나 혁명적이라 그는 이것을 감히 발표하지 못했다. 1829년에 그는 유클리드의 사고가 하도 확고해 “이 멍청이들의 고함”을 두려워했다고 적었다. Lobachevsky(1793 - 1856)와 Bolyai(1802 - 1860)는 모순이 없고 유클리드의 다섯번째 공준을 부정하는 기하학을 독립적으로 연구했다. 이 연구들은 1829년과 1832년에 각각 출판되었다. 이 경험에 의하면 Gauss는 멍청이를 과대평가했었다는 것이 증명되었다. 그들은 새로운 이론에 무관심했다.

거의 40년 후에 Beltrami(1835 - 1900)와 Klein(1849 - 1925)은 유클리드 기하학안에 Bolyai와 Lobachevsky의 기하학의 모형을 구성하였다. (현재는 이 기하학을 **쌍곡기하학**이라 부른다.) 따라서 유클리드 기하학이 모순이 없다면 쌍곡기하학도 그렇다는 것이 확립되었다. 쌍곡기하학이 평행공준을 제외한 유클리드의 모든 가정들을 만족하므로 평행공준의 증명은 불가능하다는 것이 결국 결정되었다.

유클리드와 비유클리드로의 기하학의 분류에 의해 그것의 다섯번째 공준에의 의존도에 따라 결과를 분류하는 것이 유용해졌다. 평행공준을 사용하지 않는 유클리드의 정리를 **절대기하학**의 정리라 불렀다. 이것은 유클리드와 쌍곡기하학 모두에 동일하게 유효하다. 이와 대비적으로 공준 I, II와 IV에만 의존하는 어떤 유클리드 정리들은 **아핀기하학**이라 알려졌다. 절대 기하학과 아핀 기하학에 공통인 정리들은 **순서기하학**의 정리들로 불리어진다.

중심사영의 연구는 Leonardo da Vinci(1452 - 1519)와 같은 미술가에 의해 당면한 투시화법의 문제에 의해 수학자들이 시작하였다. 미술가에 의해 캔버스에 만들어진 상은 미술가의 눈이 사영의 중심이 되어 원래의 것을 캔버스에 투시하는 것으로 생각되어질 수 있다. 이 과정에서, 길이들은 묘사된 여러가지 물체의 상대적 위치에 의존하는 방법으로 반드시 변형된다. 어떻게 원물체의 기하학적 구조가 캔버스 위에서 아직도 일반적으로 인지될 수 있을까 ? 이것은 중심사영하에서 변하지 않는 기하학적 성질들이 있기 때문임에 틀림없다. **사영기하학**은 이와 같은 고려로부터 발전된 지식의 구체화이다. 사영기하학의 기본적인 사실들의 많은 것들이 책을 빼앗긴 채 러시아에서 전쟁 포로로 있던 프랑스 기술자 Poncelet(1788 – 1867)에 의해 1813년에 확립되었다. 평행사영하에서 불변인 형태들의 그러한 연구가 아핀기하학을 만들 수 있기 때문에 아핀기하학과 사영기하학 또한 가깝게 관련되어 있다. 아핀기하학의 이러한 면은 Euler(1707 - 1783)에 의해 인지되었다.

기하학에서의 진전은 계산시설의 부족에 의해 자주 방해받았기 때문에, Descartes (1596 - 1650)에 의한 해석기하학의 발명은 더 많은 문제에 대한 간단한 접근을 가능하게 했다. 예를 들어, 전에는 매우 복잡했던 주제, 원추곡선이론을 아주 쉽게 다룰 수 있게 해줬다. Descartes 이후에 해석적 방법은 기하학자들로 하여금 대수학과 미적분학에서의 새로운 발전을 사용할 수 있도록 해 주었기 때문에 이 방법들은 풍요롭게 되었다.

기하학의 범위는 Riemann(1826 - 1866)에 의해 매우 크게 확장되었다. 그는 면의 기하학은 다수의 새로운 기하학의 예를 제공함을 인식하였다. 면위에 놓여 있는 곡선은 그것의 각각의 작은 선분이 이것의 양 끝점을 잇는 가장 짧은 곡선이라면 선이라 불린다고 가정하자. 그러면, 예를 들어, 면이 구이면 직선은 대원이다. **이중타원 기하학** 또는 **구면기하학**이라 불리는 이 기하학에서 다음 정리들이 유효하다 :

i. 직선의 모든 쌍은 두 개의 교점을 갖는다. 이 점들은 원점에 대칭인 점들이다 ; 즉, 두 점은 같은 지름상의 반대 끝쪽에 놓여 있다.

ii. 원점에 대칭이 아닌 점들의 쌍은 정확히 한 개의 직선을 만든다. 원점에 대칭인 점의 쌍은 그것들을 통과하는 무수히 많은 직선을 만든다.

iii. 삼각형의 각의 합은 π보다 크다. 삼각형이 세 직각을 가질 수 있다.

Riemann과 Schläfli(1814 - 1895)는 고차원 유클리드 공간과 구형공간을 고려하고, Riemann 은 1854년의 Göttingen에서의 그 유명한 취임강연에서 현재 Riemann 다양체라 불리는 임의의 차원의 일반적인 공간의 연구로서 기하학의 기본을 설정했다. 이 공간들은 현대 미분기하학에서 연구의 주된 주제이다. 그 이름이 나타내듯이 사용되는 방법은 미적분학에 의존한다. Riemann 기하학은 일반상대성이론(1916)의 기초로서 Einstein(1879 - 1955)에 의해 이용되어졌다.

가우스가 삼각함수의 각의 합과 곡률이 발생하는 면의 곡률과의 관계를 관찰했지만, Riemann과 그의 후속 연구자들은 이 사고를 Riemann 다양체 위에서 적용했다. 따라서 곡률은 아직은 미분기하학에서 중요한 현상이고, 그것은 공간의 기하학이 유클리드 기하학과 얼마나 다르게 공부되어야 하는가를 제시한다.

비록 유클리드는 그의 기하학이 물리적 세계에 관한 옳은 사실들을 포함하고 있다고 믿었지만, 그는 그가 실제의 이상화를 다루고 있다는 것을 깨달았다. 그는 무한 길이 같은 것이 물리적으로 존재한다는 것을 뜻하지는 않았다. 그러나 실제 물체들의 직관적 성질들의 상당수에 의존했다. 기하학이 그것의 증명들을 물리적 개념들의 의존으로부터 자유로와지게 하기 위해, Hilbert(1862 - 1943)는 1899년에 기하학의 기본을 다시 썼다. Hilbert는 무정의 용어 (즉 점, 선, 평면), 무정의 관계 (즉 공선성, 합동, 중간성)와 무정의 용어나 무정의 관계들에 의해 표현된 몇 가지 공리로부터 시작했다. 논리의 일반적 법칙에 의해 이것으로부터 유도될 수 있는 것은 이 특수한 기하학에서 유효한 기하학적 정리였다. 공리의 선택은 취향의 문제였다. 물론 어떤 기하학들은 관심이 있고 어떤 것들은 그렇지 않지만, 그것은 주관적인 판단이다. 정리들은 무정의 용어의 성질에 의존하지 않고 그것들이 만족하는 공리들에 의존한다.

그를 감싸고 있는 모든 이러한 기하학들을 보면서, 클라인은 1872년에 각 기하학의 정리 (성질)들이 변환군하에서 참으로 남는 변환군에 따라 그것들을 분류하는 것을 제안했다. 그후로부터, 군 이론은 기하학자에게 그 중요성이 증가되었다. Riemann의 새 기하학들은 복잡한 변환군을 발생시켰다. 곧이어 이 군들을 연구하기 위한 기술들이 자체적으로 발전되었다.

이 주제에 대한 많은 연구가 Sophus Lie(1842 - 1899)에 의해 이루어졌고, 이 군들은 그를 기려 Lie군으로 알려지게 되었다. Lie군과 미분기하학은 현대 수학 연구의 활동적인 분야들이다.

0.3 기하학에의 접근법

1. 공리론적 접근

이 책에서 우리는 평면 기하학을 해석학적 관점으로부터 접근하므로 이 방법을 쓰지는 않지만 유클리드까지 거슬러 올라가는 기하학의 더 고전적인 접근방법은 (계산을 이용하지 않는) 기하학적 공리나 공준들과 조합적 증명에 바탕을 두고 있다.

앞서 언급한 Hilbert에 의하면 우리는 먼저, 두 점들은 유일한 직선을 만들고, 모든 직선은 적어도 두 점을 포함하며, 모든 점들이 공선점인 것은 아니라는 것을 보장하는 결합공리를 도입한다. 그리고 그는 선분, 사선, 반평면, 각과 그것의 내부가 정의될 수 있는 사이에 대한 공리를 도입했다. 이 공리들은 Pasch의 정리와 횡단막대

정리들을 증명하기에 매우 충분하다. 사이성 공리들은 그러나 구, 또는 사영평면들의 기하학과 합치하기에는 이미 너무 강력해서 합치할 수가 없다. (사이성 공리들의 또 다른 집합들이 필요하다.) 그러면 (정의되지 않은) 선분, 각과 삼각형들에 대한 합동의 관계가 합동이 만족돼야만 하는 어떤 공리들과 함께 도입된다. 마지막으로, 직선들은 해석 기하학의 "수직선(real number line)"처럼 행동한다는 것을 근본적으로 보장하는 연속 공리들을 기술한다. 이것이 기하학이 유클리드의 다섯번째 공리를 만족하는가 아닌가에 따라 유클리드 또는 쌍곡 평면이 되도록 논의할 수 있도록 하는 충분한 것이 된다. 이 접근 방식은 평행공준에 관한 기하학적 결과들의 종속성을 조사하는데 이상적이다. 절대 기하학이 먼저 얻어 질 수 있고, 평행공리의 적당한 선택에 의해 유클리드나 쌍곡 기하학이 얻어지게 된다. 그러나 이 전개 과정에서 등거리변환을 다루는데까지 도달하고 그것들이 한번 정의된 후 그것들을 가지고 계산하는 것은 쉽지 않다.

두 번째 접근방법은, 역시 공리론적인데, 이것도 역시 결합공리로부터 시작하여 직선들의 집합안에서 직교성의 (정의되지 않은) 대칭관계를 도입한다. 수선을 내리는 결과가 유일하다는 것이 가정되지 않은 것을 빼고는 우리들의 정리 2.7과 2.8과 동치인 직교성 공리가 주어져 있다. 다음에 반사변환의 개념이 도입된다. 직교성을 보존하고 고정점들의 선을 갖는 것은 공선사상이다. 각각의 직선은 정확히 하나의 반사변환의 축으로 가정된다. 두 가지 형태의 속 – 어떤 하나의 점을 지나는 직선과 어떤 하나의 직선에 수직인 직선들 – 들을 생각할 수 있고, 회전변환과 평행이동을 정의할 수 있다. 회전변환 또는 평행이동에 의해 연관된 두 개의 직선들은 역시 반사변환에 의해서도 연관됨을 근본적으로 보장하는 이외의 몇 가지의 반사변환공리들이 제시되어 있다. 이 공리계는 유클리드, 타원과 쌍곡평면을 모형으로 허용하기에 매우 충분하다.

세 반사변환 정리와 표현정리가 이 두 가지 모두의 속들의 형태에 대해 만족된다. 만약 두 가지 형태의 속이 일치하면, 기하학은 타원 기하학이다. 그렇지 않다면 그것은 공통수선을 가지지 않는 두 개의 교차하지 않는 직선이 존재하느냐 안 하느냐에 따라 쌍곡 기하학, 또는 유클리드 기하학이 될 수 있다. 나중의 경우 단지 세 반사변환정리가 만족되도록만 함으로써 세 번째 속의 형태가 정의될 수 있다. 쌍곡 기하학에 있어서 평행선들의 속들의 일반적인 성질들이 모두 성립한다. 이제 적당한 연속

공리들을 더하는 것은 기하학이 (정규화 요소를 감안하여) 교재에서 배운 유클리드, 타원, 또는 쌍곡 평면이 되도록 만든다.

이 접근법도 또한 교육적이고 우리들 자신을 완전하게 해준다. 근본적으로 같은 정리들의 집합이 유도될 수 있고, 여러분들은 공리론적 접근 방법을 택한 책으로부터 연습문제를 택하여 우리들의 방법을 이용해 그것들을 풀도록 노력하기를 바란다.

공리론적 접근 방법을 이용한 훌륭한 책은 Greenberg [2]의 것이다.

2. 해석학적 접근

점은 실수 (또는, 더 일반적으로, 어떤 다른 대수구조의 원소)의 순서쌍, 세 짝 등등에 의해 표현된다. 점들은 그것들이 어떤 형태의 방정식을 만족하면 공선이라 정의된다. 그러면 유도해 낼 수 있는 모든 대수방정식은 어떤 기하학적 설명을 갖게 된다. 이 접근법에서, 선형대수와 행렬들이 계산을 쉽게 하기 위해 사용된다.

3. 경험적 접근법

우리들의 목표는 우리가 살고 있는 세계에 대한 기하학적 사실들을 발견하는 것이다. 우리는 우리가 관찰할 수 있는 그러한 사실과 그것들의 논리적 결과만을 사용한다. 따라서 평행공준이 물리적 공간의 세계에서 옳은가 그른가를 발견하려는 노력을 마음에 품을 수 있다. 실제로 가우스는 세 개의 멀리 떨어진 산의 정상에 거울을 놓고 한 정상에서 다른 정상으로 보내진 광선에 의해 이루어 지는 커다란 삼각형의 각의 합을 잼으로써 이 일을 하려고 시도했었다. 그러나 그의 결과는 실험 오차의 극한이 그의 측정값의 π로 부터의 편차보다 크기 때문에 결론이 나지 않았다.

0.4 경험적 기하학의 예

외부 세계에 대한 우리의 경험은 우리들의 감각, 특히 시각과 촉각을 통해서이다. 우리가 주위를 돌고 여러 장소에서 물체를 바라보면 물체는 보통 그것의 모양이 변화되어 나타난다. 중요한 예외는, 관점에 따라 그 모양이 변하지 않는, 직선이다. 공선의 세 관점은 그 자신을 그대로 나타내 보인다. 세 점은 만일 그들이 “한 직선에 있으면”, 즉 한 점에서 다른 점을 보면 세 번째 점이 보이지 않으면, **공선점**이라 한다.

두 번째로 점 P에서 시작하여 Q로 '똑바로' 움직이면 선분 PQ 위의 모든 점을 통과하게 된다. 마지막으로 고무줄을 P에서부터 적당히 가까운 점 Q로 뻗치면 고무줄은 선분 PQ를 따라 늘어뜨려진다.

우리의 주 목표가 물리적 공간의 서술에 있었다면 어느 것이 우리의 관찰에 가장 잘 맞는가를 보기 위해 많은 공리적 기하학을 구성하고 공부하는 것이 가치가 있을 것이다. 물리학에서 어떤 이론이 맞는가를 결코 완전하게 확신할 수 없다. 단지 그것은 다른 알려진 이론보다 그 관찰에 좀 더 잘 맞는다는 것만 이야기 할 수 있을 뿐이다.

기본적인 질문은 다음과 같다 : 공간의 성질에 대해 관찰에 의해 무엇을 공정하게 유도할 수 있을 것인가 ? 우리는 가설적인 우주를 제시하고 외부로부터의 체계를 공부함으로써 이 문제를 비춰볼 수 있다. 오랜기간 지구는 평편하다고 믿어졌다. 그러나 바다에 있는 점 P에서 앞으로 500 킬로미터를 곧장 항해하여 Q로 가고, 다시 오른쪽으로 돌아 500 킬로미터 가서 R에 간 다음 직진하여 P로 돌아오면 R에서 P까지의 거리가 667 킬로미터임을 알게 된다. 피타고라스 정리를 이용해 이 결과를 검토하면 직각삼각형 PQR에 대해서 이 정리가 성립하지 않음을 알 수 있다. 따라서 지구의 기하학은 유클리드 기하학이 아니라는 것을 실험을 통해 보일 수 있는 것이 가능하다는 것을 안다.

지구가 구가 아닌 원기둥이었다고 가정하자. 같은 실험을 해 본다면 피타고라스 정리에 의해 예견되듯 R에서 P까지의 거리는 약 707 킬로미터임을 발견한다. 물론 이 실험은 지구가 평편하다는 것을 증명하지 못했다. 그러나 그 가정에 모순이 되지는 않는다. 더 야심적인 실험이 다음 질문에 답하기 위해 시도될 수 있다. 만일 한 점에서 시작하여 똑바로 앞으로 간다면 얼마후에 시작점에 가까이 가는 것이 가능한가 ? 이 방법으로 여러분이 실제로 시작점에 도달할 수 있을까 ?

제 1 장 예비적 기본개념

1.1 집합과 함수

집합이란 직관 또는 사고의 대상으로서 서로 뚜렷이 구분되는 것들 – 즉, 원소들 –의 모임이다. A가 집합이라면, A의 원소들의 개수를 $\# A$로 놓는다. 이 수는 음이 아닌 정수 또는 ∞가 될 수 있다. 무한 집합의 경우에는 원소수는 고려하지 않는다.

[**정의 1.1**] A와 B를 집합이라 하자. A에서 B로의 함수 f는 다음을 만족하는 $A \times B$의 부분집합이다.

(i) 만약 $(x, y), (x, y') \in f$이면 $y = y'$이다.

(ii) $x \in A$이면 어떤 $y \in B$에 대해 $(x, y) \in f$이다.

이 때 $f : A \to B$로 쓰고, A를 f의 **정의역**이라 한다. (함수는 때때로 **사상**이라 부른다.)

함수 $f : A \to B$의 각각의 원소 x가 B의 유일한 원소 y를 결정하는 것으로 생각할 수 있다.

[**정의 1.2**] A와 B를 집합이라 하고, $f : A \to B$를 함수라 하자.

(i) 만약 $(x, y) \in f$이면 $y = f(x)$라 쓰고, $f(x)$는 f에 의한 x의 **상**이라 한다.

(ii) $S \subset A$라면 $f(S) = \{f(x) \,|\, x \in S\}$로 정의하고, S의 f에 의한 **상**이라 한다. $f(x)$를 fx로 쓰기도 한다.

(iii) $f(A) = \{f(x) \,|\, x \in A\}$는 f의 **치역**이라 한다. 일반적으로 $f(A) \subset B$이다.

(iv) $E \subset B$이면 $f^{-1}(E) = \{x \,|\, f(x) \in E\}$를 f에 의한 E의 **역상**이라 한다.

[**정의 1.3**] 함수 f는 만약 $f(A) = B$이면 **전사**라고 말한다. 이 경우 f는 A를 B **위로** 사상한다고도 한다. f는 만약 A의 어느 두 원소도 B의 같은 원소로 보내지 않을 때 **단사**라고 부른다. 전사이면서 단사인 함수는 **전단사 함수** 또는 **전단사**라고 부른다. 전단사는 집합 A와 B사이에 일대일 대응관계를 만든다.

만약 $f : A \to B$와 $g : B \to C$가 함수라 하면, f와 g의 **합성함수**

$$g \circ f : A \to C$$

는 각 $x \in A$에 대해

$$(g \circ f)(x) = g(f(x))$$

로 정의한다. 즉, $g \circ f$는 $A \times C$의 부분집합으로 함수의 성질을 만족한다.

만약 $f : A \to B$가 전단사라면, f의 치역에서 B위로의 f의 **역함수** g를 다음과 같이 정의한다 :

$$(y, x) \in g\text{이기 위한 필요충분조건은 } (x, y) \in f\text{이다.}$$

이 때 g도 또한 전단사이다. $g \circ f$와 $f \circ g$가 각각의 정의역에서 항등함수라는 것을 쉽게 밝힐 수 있다. 이 경우 f는 또한 g의 역함수가 되고,

$$g = f^{-1} \qquad f = g^{-1}$$

로 쓴다. 항등 함수를 I로 쓴다. 정의역은 문맥상으로 분명하게 알 수 있다.

집합 A에서 자신으로의 전단사를 **치환**이라 한다. 그러한 전단사 f는 자신과 필요한 수 만큼 합성될 수 있다. 이것을 다음과 같은 기호로 쓴다.

$$f^1 = f, \quad f^2 = f \circ f, \quad f^n = f \circ f^{n-1}. \tag{1.1}$$

이 기호는

$$f^0 = I$$

와

$$f^{-n} = (f^{-1})^n \tag{1.2}$$

으로 놓음으로써 0과 음의 기수를 포함하도록 확장될 수 있다. $f^2 = I$ (단, $f \neq I$)를 만족하는 함수를 **대합**이라 부른다.

이제 이 절의 마지막 내용으로 집합위에서의 관계를 생각해 보자.

[**정의 1.4**] A를 집합이라 하면, A위에서의 **관계** $\mathfrak{R}$은 $A \times A$의 부분집합으로서

(i) 만약 그것이 형태 (a, a)의 모든 가능한 쌍을 포함하면 **반사적**이라 한다.

(ii) 만약 $\mathfrak{R}$의 각각의 원소 (x, y)에 대해, 뒤집어진 쌍 (y, x)도 역시 $\mathfrak{R}$에 있다면 **대칭적**이라 한다.

(iii) (x, y)와 (y, z)가 $\mathfrak{R}$의 원소이기만 하면, (x, z)도 역시 $\mathfrak{R}$의 원소라면 **추이적**이라 한다.

동치관계는 반사적, 대칭적이고, 추이적인 관계이다. $\mathfrak{R}$을 동치관계라 하자. A의 각 원소 a에 대해

$$[a] = \{x \in A | (x, a) \in \mathfrak{R}\}$$

로 놓는다. 그러면 형태 $[a]$의 임의의 서로 다른 두 집합은 반드시 서로 소이고, 모든 그러한 집합들의 합은 A이다. 이러한 집합 $[a]$를 **동치류**라고 한다. A는 동치류들로 분할된다. 동치류들의 집합은 **상공간** $A/\mathfrak{R}$이라 부른다. A의 각 원소를 그것들이 속하는 동치류로 보내는 함수를 **자연 사영**이라 부른다. 동치관계의 개념은 교재의 여러 곳에서 – 특히, 군과 사영평면을 다룰 때 – 사용된다.

1.2 군

G를 공집합이 아닌 집합이라 하자. G안에 이항연산 $*$가 정의되어 있다고 하자.

[**정의 1.5**] G가 다음 조건들을 만족하면 **군**이라 한다 :

(i) $a, b \in G$이면, $a * b \in G$ (**닫힘성**)

(ii) G의 모든 원소 a, b와 c에 대해, $(a * b) * c = a * (b * c)$ (**결합법칙**).

(iii) 모든 $a \in G$에 대해 $a * I = I * a = a$를 만족하는 G의 원소 I가 존재한다. 그러한 원소를 **항등원**이라 한다.

(iv) 각각의 원소 $a \in G$에 대해 $a * b = b * a = I$를 만족하는 G의 원소 b가 존재한다. 원소 b와 a를 서로의 **역원**이라 한다.

참고 군안에 오직 하나의 항등원이 존재하고, 각 원소는 정확히 하나의 역을 갖는다는 것을 보이는 것은 어렵지 않다.

군 작용을 논의할 때 수의 곱과의 유사성을 이용하는 비공식적 용어를 가끔 사용한다. 예를 들어, $a * b$는 가끔 a와 b의 곱이라 부른다. 이 때 $*$가 일반적인 곱셈의 모든 성질들을 다 가지고 있다고 생각해서는 안된다. 가령, **교환법칙** $a * b = b * a$는 우리가 사용할 군들에서는 일반적으로 옳지 않다. 만약 두 개의 원소가 이 조건을 만족하면, 그들은 서로 교환가능하다고 말한다. 이 교환법칙이 군의 원소들의 모든 쌍에 의해 만족되면, 그 군은 **가환** 또는 **abelian**이라 부른다.

우리가 군을 다룰 때 문맥상으로부터 그 뜻이 명확하다면 연산자 $*$의 확실한 언급은 생략하는 것이 관례이다. 예를 들어, 교환법칙은 $ab = ba$로 쓸 수 있다. 또한, (1.1)과 (1.2)의 구성들은 임의의 군의 임의의 원소에 적용될 수 있다 (예를 들어, $a^2 = aa, a^0 = I$, a^{-1}은 a의 역 등등).

우리가 기본적으로 관심을 가지는 군은 **변환들에 의해 구성되는 군**이다. 이것은 군 원소들은 어떤 집합에서 그것 자신으로의 전단사들이고, 군 작용은 함수들의 합성임을 뜻한다.

[정리 1.1] 임의의 집합의 자기자신으로의 전단사들은 군을 형성한다.

[정의 1.6] G를 군이라 하자. G의 부분집합 H가 다음 조건을 만족하면 G의 **부분군**이라 한다.

(i) 만약 $a, b \in H$이면, $a * b \in H$이다. (**닫힌** 성질)

(ii) G의 항등원 I가 H안에 있다.

(iii) 만약 $a \in H$이면, $a^{-1} \in H$이다.

비공식적으로, 이것은 G로부터 물려 받은 작용을 가진 부분집합 H 자신은 군임을 뜻한다. 물론, 성질 (2)는 (1)과 (3)으로부터 나온다.

참고 군의 부분군들의 임의의 모임의 공통부분은 부분군이다.

G를 군이라 하고 S를 G의 부분집합이라 하자. S를 포함하는 모든 부분군들의 공통부분은 **S에 의해 생성되는 부분군**이라 하고, $\langle S\rangle$라 놓는다. 만약 S가 한 개의 원소 s로 이루어 지면, 기호 $\langle s\rangle$로 놓는다.

[정리 1.2] $\langle S\rangle$의 모든 원소는 각각들이 S의 원소이거나 S의 역인 유한 개의 원소들의 곱으로 표현할 수 있다.

군 G의 원소 s는 만약 $\#\langle s\rangle = n$이면 위수 n이라 한다. 만약 $\#G = n$이면 군 G는 위수 n이라 한다.

이제 G_1과 G_2를 군이라 하자. 함수

$$f : G_1 \to G_2$$

가 만약 모든 $a, b \in G$에 대해,

$$f(a * b) = f(a) * f(b);$$

즉, f가 군구조를 반영하면, **준동형사상**이라 부른다. 이 성질로부터 준동형사상은 또한 $f(I) = I$와 모든 $a \in G_1$에 대해, $f(a^{-1}) = (f(a))^{-1}$을 만족함을 보이는 것은 어렵지 않다.

전단사 준동형사상을 **동형사상**이라 부르고, 관련된 군들을 **동형적**이라 부른다.

G_1과 G_2는 우리가 비록 같은 기호를 사용하지만 그들 각각의 군 작용과 항등원을 가진 서로 다른 군들임을 유의하라.

[정의 1.7] f를 군들의 준동형사상이라 하자. 그러면

$$\{a | f(a) = I\}$$

를 **f의 핵**(ker f)이라 부른다.

[정리 1.3] $f : G_1 \to G_2$를 준동형사상이라 하자. 그러면 ker f는 G_1의 부분군이고, $f(G_1)$은 G_2의 부분군이다.

1.3 벡터공간

일반적으로 **벡터**는 크기와 방향을 갖는 양이다. 평면 또는 공간에서 벡터는 방향이 주어진 선분으로 나타내며, 여기서 선분의 길이는 벡터의 크기를, 선분의 방향은 벡터의 방향을 나타낸다. 이제 어떤 조건을 벡터들의 모임인 벡터공간을 다음과 같이 정의한다.

[**정의 1.8**] 집합 V가 덧셈에 관한 가환군을 이루고, 다음을 만족하면 V를 $\mathbb{R}$상의 **벡터공간**이라 하고, 그 원소를 **벡터**라 한다 : $x, y \in V$와 $r, s \in \mathbb{R}$에 대해

i. $rx \in V$.

ii. $1x = x$.

iii. $r(x+y) = rx + ry$.

iv. $(r+s)x = rx + sx$.

v. $r(sx) = (rs)x$.

1은 $\mathbb{R}$의 곱셈에 관한 단위원으로서 수 1에 해당한다. 특히 V의 가환군으로서의 단위원을 0으로 표시하고 이것을 **영벡터**라 한다.

[**정의 1.9**] n이 자연수일 때 공간 $\mathbb{R}^n$은 n개의 순서쌍 $(x_1, x_2, \cdots, x_n)$ 전체의 집합이다. 덧셈과 scalar 곱셈은

$$(x_1, x_2, \cdots, x_n) + (y_1, y_2, \cdots, y_n) = (x_1 + y_1, x_2 + y_2, \cdots, x_n + y_n)$$

$$r(x_1, x_2, \cdots, x_n) = (rx_1, rx_2, \cdots, rx_n)$$

으로 정의된다. 이 때 x_i를 $(x_1, x_2, \cdots, x_n)$의 i 번째 **좌표** 또는 i 번째 성분이라 한다.

[**정리 1.4**] n이 자연수이면 $\mathbb{R}^n$은 벡터공간이다.

벡터공간상에서 일어나는 일을 해석하기 위해서는 거리를 재는 방법이 도입되어야 한다. 이를 위해 다음의 개념을 정의한다.

[**정의 1.10**] 벡터공간 V에서 다음을 만족하는 **내적** $\langle\ ,\ \rangle$이 정의되어 있을 때 V를 **Euclid 벡터공간**이라 한다. 임의의 $x, y, z \in V$와 $r \in \mathbb{R}$에 대해

i. $\langle x, x\rangle \geq 0$, 단 $\langle x, x\rangle = 0 \Longleftrightarrow x = 0$.

ii. $\langle x, y+z\rangle = \langle x, y\rangle + \langle x, z\rangle$.

iii. $\langle x, ry\rangle = r\langle x, y\rangle$.

iv. $\langle x, y\rangle = \langle y, x\rangle$.

영벡터가 아닌 두 벡터 $x, y \in V$에 대해 $\langle x, y\rangle = 0$이면 두 벡터는 **직교**한다고 한다. 이제 우리가 자주 접하는 $\mathbb{R}^n$에 대해 다음을 얻는다.

[**정리 1.5**] $x = (x_1, x_2, \cdots, x_n)$, $y = (y_1, y_2, \cdots, y_n)$에 대해 내적을

$$\langle x, y\rangle = x_1y_1 + x_2y_2 + \cdots + x_ny_n$$

으로 정의하면, $\mathbb{R}^n$은 Euclid 벡터공간이다.

임의의 벡터 $x \in V$에 대해 x의 길이를 함수

$$|x| = \sqrt{\langle x, x\rangle}$$

로 정의한다. 또 벡터 x, y사이의 각 ϑ를

$$\cos\vartheta = \frac{\langle x, y\rangle}{|x||y|}$$

에 의해 구할 수 있다.

[**정리 1.6**] 길이함수는 다음의 성질들을 만족한다.

i) 모든 $x \in V$에 대해 $|x| \geq 0$이다.

ii) $|x| = 0$이면 $x = 0$(영벡터)이다.

iii) 모든 $r \in \mathbb{R}$과 $x \in V$에 대해 $|rx| = |r||x|$를 만족한다.

이제 내적함수와 길이에 관련한 몇 가지 결과를 기술하고 증명한다.

[정리 1.7 (Cauchy-Schwarz 부등식)] 두 벡터 $x, y(\in V)$에 대해 다음이 성립한다.

$$|\langle x, y\rangle| \leq |x||y|.$$

등호가 성립할 필요충분조건은 x와 y가 서로 비례적인 것이다.

증명 $x = 0$이거나 $y = 0$이면 준 부등식이 성립하므로 $x \neq 0$이고 $y \neq 0$이라 하자. $t \in \mathbb{R}$일 때 실수값 함수 f를

$$f(t) = |x + ty|^2$$

라 정의하자. 앞에 살펴 본 성질에 의해 $f(t)$는 모든 t에 대해 0이상임을 알 수 있고, x가 y의 배수이면 $f(t)$는 0의 값을 취하고 그 역도 성립함을 알 수 있다.

한편 $f(t)$는 차수 2의 다항식이다. 구체적으로

$$f(t) = |x|^2 + 2t\langle x, y\rangle + t^2|y|^2 \tag{1.3}$$

이고, 이것은 $\langle x, y\rangle^2 \leq |x|^2|y|^2$ (즉, $|\langle x, y\rangle| \leq |x||y|$)인 경우에만 0이상을 취한다.

더욱이, $f(t) = 0$이면, $x = -ty$이고 따라서 $|\langle x, y\rangle| = |x||y|$이다. 그러므로 $|\langle x, y\rangle| = |x||y|$일 필요충분조건은 x와 y가 비례적인 것이다. ◇

[따름정리 1.1 (삼각부등식)] $x, y \in V$에 대해

$$|x + y| \leq |x| + |y| \tag{1.4}$$

이다. 등호가 성립할 필요충분조건은 음이 아닌 실수 r에 대해 $x = ry$인 것이다.

증명

$$\begin{aligned} |x + y|^2 &= |x|^2 + 2\langle x, y\rangle + c|y|^2 \\ &\leq |x|^2 + 2|x||y| + |y|^2 \\ &= (|x| + |y|)^2 \end{aligned} \tag{1.5}$$

이므로 $|x + y| \leq |x| + |y|$이다. 만일 등호가 성립하면

$$\langle x, y\rangle = |x||y|$$

가 반드시 만족해야 하고, Cauchy-Schwarz 부등식에 의해 x와 y는 비례적이어야 한다. 이 때 $x = ry$라 하면

$$\langle x, y\rangle = r\langle y, y\rangle = r|y|^2$$

이고

$$|x||y| = |r||x||y| = |r||y|^2$$

을 얻는다. 따라서 $r = |r|$이어야 한다. 이것은 $r \geq 0$임을 뜻한다. ◇

이제 벡터의 직교성과 거리의 관계를 잘 표현해 주는 잘 알려진 다음의 정리를 생각해 보자.

[정리 1.8 (Pythagoras)] P, Q와 R이 Euclid 벡터공간 V의 서로 다른 세 점이라 하자. 그러면 $|R-P|^2 = |Q-P|^2 + |R-Q|^2$이기 위한 필요충분조건은 직선 $\overleftrightarrow{PQ}$와 $\overleftrightarrow{RQ}$가 수직인 것이다.

증명 공식 (1.5)로부터

$$|x+y|^2 = |x|^2 + 2\langle x, y\rangle + |y|^2$$

임을 안다. $|x+y|^2 = |x|^2 + |y|^2$이기 위한 필요충분조건은 $\langle x, y\rangle = 0$임을 유의하라. $x = Q-P, y = R-Q$라 놓자. $x+y = R-P$이고, 따라서 $|R-P|^2 = |Q-P|^2+|R-Q|^2$일 필요충분조건은 $\langle Q-P, R-Q\rangle = 0$인 것이다. 이것은 선분 PQ와 선분 QR이 수직임을 말한다. ◇

1.4 선형대수학

$\mathbb{R}^n$상에서의 벡터공간, 선형함수, 일차종속과 기저의 개념들에 익숙해져 있어야 이 책의 주 부분을 다루는데 큰 어려움이 없을 것이다. 그러나 선형대수학의 기본들을 전부 전개하는 것은 이 책의 목적에 비추어 보았을 때 적당하지 않다. 어떤 선형대수학 책도 그런 개념들을 다루므로 구체적인 것은 그러한 책을 참고하기 바란다 [5]. 다만 여러분들의 수고를 좀 덜어 주고 편리성을 위해 몇 가지 정의들과 사실들을 모아본다.

[정의 1.11] S를 벡터 공간 V의 부분집합이라 하자.

i. S의 배수들의 유한 개의 원소들의 합인 V의 원소는 **S로부터의 일차결합**이라 부른다. 그러한 일차결합들의 집합은 **S의 생성**이라 부르고 $[S]$라 놓는다. 일반적인 일차결합은 $\{v_i\} \subset S$이고 $\{\lambda_i\} \subset \mathbb{R}$일 때, 형태

$$x = \sum_{i=1}^{m} \lambda_i v_i \tag{1.6}$$

를 갖는다. 만약 λ_i가 모두 0은 아니라면, **자명하지 않은** 일차결합을 말한다.

ii. 영벡터가 S로부터의 자명하지 않은 일차결합으로 표현될 수 있다면, S는 **일차종속**이다. 그렇지 않다면, **S는 일차독립**이다.

참고 위의 정의를 재고해 보면 다음을 얻는다.

i. 만약 S가 영벡터를 포함하면, $\lambda_1 \neq 0, v_1 = 0$일 때, $0 = \lambda_1 v_1$이므로 S는 일차종속이다.

ii. 만약 S가 두 개의 비례적인 벡터를 포함한다면, S는 일차 종속이다. 즉 임의의 두 벡터 $v, w \in V$에 대해 $v = kw$라면, $v + (-k)w = 0$이다.

[정의 1.12] 만약 V의 모든 원소가 S로부터 일차결합으로 유일하게 표현될 수 있으면, 즉, S가 V를 생성하는 일차독립인 집합이라면, S는 V에 대한 **기저**이다.

[정의 1.13] n을 양의 정수라 하자. 만약 벡터공간 V가 n개의 원소를 가진 기저를 갖는다면, V는 $n-$**차 공간**이라 한다.

참고 각각의 양의 정수 n에 대해, $\mathbb{R}^n$은 $n-$차원 공간이다. 기저는 $\varepsilon_1 = (1, 0, 0, \cdots, 0)$, $\varepsilon_2 = (0, 1, 0, 0, \cdots, 0)$ 등등으로 주어진다. 이것을 $\mathbb{R}^n$의 **표준기저**라 한다.

[정리 1.9] V를 $n-$차원 벡터 공간이라 하자. 그러면

i. V에 대한 모든 기저는 n개의 원소로 이루어 진다.

ii. 원소수 n인 모든 일차 독립 집합들은 기저이다. 또한 V의 임의의 벡터는 각 기저의 일차결합으로 유일하게 표현된다.

iii. V를 생성하는 원소수 n의 모든 집합은 기저이다.

iv. 모든 생성 집합은 적당한 기저를 포함한다.

[**정의 1.14**] $(V, \langle , \rangle)$이 n 차원 Euclid 벡터공간이라 하자. V의 기저 $\{v_1, v_2, \cdots, v_n\}$이 조건

$$\langle v_i, v_j \rangle = \begin{cases} 0 & (i \neq j) \\ 1 & (i = j) \end{cases}$$

을 만족하면 **정규직교기저**라 한다.

다음의 정리들은 선형대수학의 기초정리들이다. 스스로 밝혀 보기 바란다.

[**정리 1.10**] $(V, \langle , \rangle)$를 n 차원 Euclid 벡터공간이라 하자. 만약 $v_1 \in V$이 단위벡터이면 $\{v_1, v_2, \cdots, v_n\}$이 정규직교기저가 되도록 하는 벡터들 $v_2, v_3, \cdots, v_n$이 존재한다. 일반적으로 Euclid 벡터공간에 대한 정규직교기저가 항상 존재한다.

[**정리 1.11**] $(V, \langle , \rangle)$를 n 차원 Euclid 벡터공간이라 하고, $\{v_1, v_2, \cdots, v_n\}$을 정규직교기저라 하자. 모든 $x \in V$에 대해

$$x = \langle x, v_1 \rangle v_1 + \cdots + \langle x, v_n \rangle v_n$$

이 성립한다.

행렬과 선형함수

먼저 행렬에 대해 살펴 보자.

[**정의 1.15**] 다음과 같이, m개의 행과 n개의 열에 의해 직사각형 모양으로 배열된 수 또는 문자를 괄호로 묶어서 나타낸 것을 **행렬**이라 한다 :

$$A = \begin{pmatrix} a_{11} & a_{12} & \cdots & a_{1n} \\ a_{21} & a_{22} & \cdots & a_{2n} \\ \vdots & \vdots & \vdots & \vdots \\ a_{m1} & a_{m2} & \cdots & a_{mn} \end{pmatrix} = (a_{ij})_{m \times n}$$

이 때, A를 $m \times n$ 행렬이라 하고, 각 a_{ij}를 이 행렬의 (i, j) **성분**이라 한다.

[**정의 1.16**] I를 단위행렬 (즉, (i,i) 성분들만 1이고, 나머지는 0인 행렬), A를 $n\times n$ 행렬이라 하자. 이 때, $AB=BA=I$를 만족하는 행렬 B를 A의 **역행렬**이라 하고, $B=A^{-1}$로 쓴다. 여기서 행렬곱 AB는 A의 i행과 B의 j 열의 항별 곱의 합에 의해 AB의 (i,j)–성분을 얻는 연산이다.

이제 행렬과 선형함수의 관계를 보자. 먼저 선형함수를 정의하자.

[**정의 1.17**] V를 n차원 벡터공간이라 하자. 사상 T가

1. $T(x+y)=T(x)+T(y) \qquad (x,y\in V)$
2. $T(rx)=rT(x) \qquad (r\in\mathbb{R})$

를 만족하면 T를 **선형함수(사상)**이라 한다. 만약 $x=y=0$이면 $T(0)=0$이다.

$T:V\to V$를 n–차원 벡터 공간 V에서 자기자신으로의 선형함수라 하자. 만약 $\{e_i\}$가 V의 기저라면, V에 관한 T의 행렬은 열들이 기저 $\{e_i\}$에 관해 표현된 벡터 $T(e_i)$인 행렬이다. 다시 말하면, 만약

$$T(e_i)=\sum_{j=1}^{n}a_{ji}e_j \tag{1.7}$$

이면, 행렬 $A=[a_{ij}]$는 T의 행렬이다. 즉, 기저 $\{e_i\}$에 대해 $T(x)=Ax\ (x\in V)$라 쓸 수 있다. 만약 $\{\tilde{e}_i\}$가 V의 다른 기저라면,

$$\tilde{e}_j=\sum_{i=1}^{n}p_{ij}e_i \tag{1.8}$$

로 쓸 수 있다. 만약 $\tilde{A}$가 $\{\tilde{e}_i\}$에 관한 T의 행렬이라면,

$$\tilde{A}=P^{-1}AP \tag{1.9}$$

이다. 여기서 P는 V의 기저에 의한 $n\times n$ 행렬 $P=(e_1,\cdots,e_n)$이다.

[**정리 1.12**] i. 각각의 $n\times n$ 행렬 A에 선형함수 $T_A:\mathbb{R}^n\to\mathbb{R}^n$을 대응시키는 사상 $A\to T_A$는 모든 그러한 행렬들의 집합에서 모든 그러한 선형함수들의 집합으로의 전단사이다. A의 열들은 T_A에 의한 표준기저벡터들 ε_i의 상들이다.

ii. 함수들의 합성은 행렬곱에 대응한다. 즉, $T_A T_B = T_{AB}$이다.

[**따름정리 1.2**] 행렬곱은 결합적이다.

증명 합성의 정의에 의해, 등식

$$(T_A T_B)T_C = T_A(T_B T_C)$$

가 성립한다. 따라서 정리의 (ii)에 의해

$$T_{AB}T_C = T_A T_{BC}, \quad T_{(AB)C} = T_{A(BC)}$$

를 유도하고, 변환의 행렬이 유일하게 결정되므로

$$(AB)C = A(BC) \tag{1.10}$$

를 얻는다. ◇

$\mathbb{R}^n \to \mathbb{R}^n$의 모든 선형 전단사 함수들의 집합은 **일반선형군 GL(n)**이다. 행렬곱을 군 작용으로 갖는 모든 가역 $n \times n$ 행렬들의 군도 같은 것이다. 그러나, 역행렬을 구체적으로 나타내는 것은 쉽지 않다.

다중 선형함수

[**정의 1.18**] V를 벡터공간이라 하고, k를 양의 정수라 하자. V위에서의 k–**선형함수**는 각각의 변수에 대해 따로 따로 선형인 함수

$$f : V^k \to \mathbb{R}$$

이다. (V^k는 V의 k개의 복사들의 카아티젼곱이다.) 다시 말하면, 각각의 선택 $(v_1, v_2, \cdots, v_k) \in V^k$에 대해, 사상

$$v \to f(v_1, v_2, \ldots, v_{i-1}, v, v_{i+1}, \cdots, v_k)$$

이 선형이다.

$k-$선형인 함수는 가끔 **위수 k의 다중 선형**이라 부른다. $k-$선형 함수는 그것의 논의가 치환될 때 그것의 값들이 변하지 않는다면, **대칭적**이라 한다. 만약 그것의 논의가 치환될 때 그것들의 값들이 크기는 변하지 않지만 치환의 부호에 따라 부호는 바뀐다면 그것은 **교대적**이라 부른다.

참고 다중 선형함수는 임의의 기저위의 그것의 값들에 의해 결정된다. 예를 들어, 만약 f가 $\mathbb{R}^3$위에서의 2차 선형함수이고 $\{e_1, e_2, e_3\}$가 기저라면, f의 값들은 3×3 행렬 $[f(e_i, e_j)]$에 의해 결정된다. 만약 f가 대칭적이면, $f(e_1, e_2) = f(e_2, e_1)$이고, 다른 것들도 그렇고, 따라서 행렬은 대칭적이다. 한편, 만약 f가 교대적이면, $f(e_1, e_1) = 0$, $f(e_1, e_2) = -f(e_2, e_1)$이고 다른 것도 이에 준한다. 행렬은 반대칭이다. $\mathbb{R}^2$와 $\mathbb{R}^3$에서 정의된 내적들은 쌍선형 함수들의 예이다. 이 함수들은 대칭적이다.

[**정의 1.19**] A를 $n \times n$ 행렬이라 하자. $\{v_1, \cdots, v_n\}$을 A의 열이라 하자. 그러면 그것의 **행렬식** $\det A$는 $(\varepsilon_1, \cdots, \varepsilon_n)$에 값 1을 부여하는 유일한 $n-$차 교대함수의 $(v_1, \cdots, v_n)$위에서의 값이다.

[**정리 1.13**] n 차원 벡터공간 V에서 벡터 $v_1, v_2, \cdots, v_n$이 일차독립이기 위한 필요충분조건은 $\det(v_1, v_2, \cdots, v_n) \neq 0$이다. 여기서 v_i는 열벡터이다.

증명 V의 한 기저를 $\{e_1, e_2, \cdots, e_n\}$으로 놓고 각각의 벡터 v_i를 이 기저의 일차결합으로 표시해 보라. 이 벡터들에 대한 일차독립성을 이용하면 동차연립 1차방정식이 자명한 해를 갖는 조건이 이 정리의 결론이 됨을 알 수 있다. ◇

[**정리 1.14**] 행렬식은 다음 항등식들을 만족한다 :

i. $\det(AB) = \det A \det B$.

ii. $\det(I) = 1$.

iii. $\det(A^{-1}) = \frac{1}{\det A}$.

iv. $\det(A^t) = \det A$. (A^t는 A의 행과 열을 바꾼 A의 전치행렬.)

증명 독자에게 맡긴다. ◇

[따름정리 1.3] 선형 함수 $T : V \to V$의 행렬의 행렬식은 기저의 선택에 무관하다. 그러므로, $\det T$는 잘 정의되었다.

[정리 1.15] i. $T : V \to V$를 n차 공간 V에서 자신으로의 선형함수라 하자. 그러면 T가 전단사이기 위한 필요충분조건은 $\det T \neq 0$인 것이다.

ii. A를 $n \times n$ 행렬이라 하자. 그러면 A의 열들이 $\mathbb{R}^n$에 대한 기저이기 위한 필요충분조건은 $\det A \neq 0$인 것이다.

참고 이것은 **GL(n)**이 0이 아닌 행렬식을 갖는 $\mathbb{R}^n \to \mathbb{R}^n$으로의 모든 선형 사상들의 집합임을 보인다. 행렬식이 1인 부분집합들은 **특수 선형군**이라 부르는 부분군이고 **SL(n)**으로 놓는다.

고유벡터와 고유값

기하학에서는 종종 기하학적 변환들의 고정점과 고정선들을 계산하는데 관심을 갖는다. 지금부터는 V는 $n-$차원 벡터공간이다.

[정의 1.20] $T : V \to V$를 선형이라 하자. 0이 아닌 $x \in V$는, 만약 $T(x)$가 x에 비례적이라면, T의 **고유벡터**라 한다. $T(x) = \lambda x$를 만족하는 λ는 고유벡터가 x인 T의 **고유값**이라 한다.

$T(x) = \lambda x$는 I가 항등함수일 때 $(T - \lambda I)x = 0$과 같음을 유의하라. 따라서 T의 **특성 다항식**, 즉,

$$\chi(t) = \det(T - tI) \tag{1.11}$$

를 생각할 수 있다. 이것은 변수 t에 관한 n차의 다항식임을 밝힐 수 있다. 고유 벡터 x를 찾기 위해 $\det(T - tI) = 0$이 되는 t의 값을 찾는다. 그러면, $T - tI$가 단사가 아니므로, 그러한 x가 존재한다.

일반적으로 고유벡터들의 이론은 복잡하다. 특성 다항식의 각각의 해는 고유값을 제공한다. 그러나 하나의 고유값은 고유 벡터들의 다차원 공간과 대응할 수 있다. 그러나, 우리의 경우(2차와 3차)에는 큰 어려움없이 고유벡터와 고유값을 구체적으로 결정할 수 있다. (정리 4.23을 보라.)

1.5 복소수계

복소수의 구성

복소수는 Euclid 평면에서 해석기하학을 공부하는 또 다른 방법이다. 해석기하학의 다른 모든 방법과 함께 복소수를 이해하는 중심점은 그것이 대수적이며 동시에 기하학적이라는 것이다. 복소수의 이 대수-기하학적 성질이 사실은 해석기하학의 정수이다. 여기서는 이것들에 대해 간단하게 언급하겠다. 자세한 것을 알고 싶으면 본인의 졸저 복소해석학원론 [10]을 참고하라.

복소수는 실수에 $\sqrt{-1} = i$를 더함으로써 만들어 진다. 역사적으로, 복소수의 초기 구성은 순전히 대수적이었다 : 그것은 실수계에서는 해가 없는 $x^2 + 1 = 0$과 같은 2차 방정식을 풀기 위해 소개되었다. 초창기에 복소수는 신비스러운 양으로 간주되었고, 대부분의 수학자에 의해 의심스러운 눈으로 취급되었다. 19세기초 Gauss는 복소수를 평면상의 점으로 취급할 수 있는 사상을 소개했다. 복소수를 대수적일 뿐만 아니라 기하학적이게 만듦으로써 Gauss는 복소수를 쓸만한 것으로 만들었다. 여기서 복소수를 기하학적으로 정의한다.

[정의 1.21] **복소수** z를, x, y가 실수일 때, Cartesian 평면상의 순서쌍 (x, y)로 정의한다. 즉, $z = (x, y)$로 쓴다. 여기서 $x-$축은 통상적 (실수) 단위에 의해 측정되고, $y-$축은 다른 (허수) 단위 i에 의해 측정된다. 실수 x를 z의 **실부**, y를 **허부**라 한다.

$z_1 = (x_1, y_1), z_2 = (x_2, y_2)$를 복소수라 할 때, $x_1 = x_2$이고 $y_1 = y_2$이면 z_1과 z_2는 **같다**고 한다. 합과 곱은

$$\text{합} : z_1 + z_2 = (x_1 + x_2, y_1 + y_2)$$
$$\text{곱} : z_1 z_2 = (x_1 x_2 - y_1 y_2, x_1 y_2 + x_2 y_1)$$

으로 각각 정의된다. 실수에 의한 복소수의 스칼라 곱은 같은 실수로 복소수의 실부와 허부를 곱하는 것이다. 기하학적으로, 이 결과는 원점으로부터의 거리가 이 실수배만큼 커진 복소수이다. 복소수의 집합을 $\mathbb{C} = \{(x, y) \mid x, y \in \mathbb{R}\}$라 하자. 그러면 $\mathbb{C}$는 벡터공간임을 알 수 있다.

점 $(1, 0)$은 실수 1과, 점 $(0, 1)$은 복소 단위 i와 같이 생각할 수 있으므로 벡터 합

과 스칼라곱을 이용해 복소수 $z=(x,y)$를

$$z = x(1,0) + y(0,1) = x + yi$$

로 쓸 수 있다. 기호 $x+yi$를 z의 Cartesian 형태라고 한다. 이 복소수 $z=x+iy$의 **복소공액**은

$$\bar{z} = x - iy$$

로 쓴다. 복소수의 덧셈, 뺄셈, 곱셈과 나눗셈은 산술계산의 일반적인 법칙을 따른다. ($i^2=-1$이고, 일반적으로 0에 대한 나누기는 허용하지 않는 것을 명심하라.)

복소수의 기하학적 성질

가장 중요한 기하학적 성질은 **모듈러스 (절대값)**이다 :

$$|z| = \sqrt{x^2+y^2}, \qquad z = x+iy.$$

두 점 $z=x+iy$와 $w=s+it$ 사이의 **거리**는

$$|z-w| = \sqrt{(x-s)^2+(y-t)^2}$$

로 정의한다. 이것을 이용하면 복소수는 **삼각부등식**(따름정리 1.1)을 만족함을 알 수 있다. 이외에 다음과 같은 성질이 성립한다. 증명은 독자에게 맡긴다.

[**정리 1.16**] $r \in \mathbb{R}$이고, z,w가 복소수이면 다음이 성립한다.

i. $|rz| = |r||z|$,

ii. $|zw| = |z||w|$,

iii. $\overline{zw} = \bar{z}\bar{w}$,

iv. $\overline{z+w} = \bar{z} + \bar{w}$.

극형식

$xy-$평면에서 점 $P(x,y)$와 복소수 $z=x+iy$의 일치화는 $xy-$평면상에 일반적인 극좌표를 도입하면 중요성과 관심이 더해진다. 극좌표계는 $r=\sqrt{x^2+y^2}$이고 ϑ가 양의 x축으로부터 0에서 $P(x,y)$까지를 잇는 선분에 이르는 각이라면,

$$x = r\cos\vartheta \quad \text{와} \quad y = r\sin\vartheta$$

를 제공한다. $r = |z|$ 임을 바로 알 수 있다. 따라서

$$z = |z|(\cos\vartheta + i\sin\vartheta) = |z|e^{i\vartheta}, \quad \vartheta = \arctan\frac{y}{x}$$

이고, 이를 z의 **극형식**이라 한다. 복소수 z가 $z = re^{i\vartheta}$로 주어질 때 z의 **편각** ($\arg(z)$)을

$$\arg(z) = \vartheta \qquad (\mathrm{mod}\ 2\pi)$$

로 정의한다. 여기서 식

$$e^{i\vartheta} = \cos\vartheta + i\sin\vartheta$$

를 **Euler 공식**이라 한다. 이것을 이용해 다음의 복소지수함수를 정의할 수 있다.

[**정의 1.22**] $z = x + iy$가 복소수일 때, 복소지수함수 e^z는

$$e^z = e^{x+iy} = e^x(\cos x + i\sin y)$$

로 정의한다.

위의 정의들을 이용하면, $z = r_1e^{i\vartheta}$, $w = r_2e^{i\mu}$가 두 복소수일 때

$$zw = r_1r_2e^{i(\vartheta+\mu)}$$

를 얻는다.

결과적으로 복소수는 Cartesian 평면상의 점들이다. 즉, $\mathbb{C} \simeq \mathbb{R} \times \mathbb{R}$이다.

복소함수

복소함수는 그것의 정의역과 치역이 $\mathbb{C}$인 함수이다. 그러한 함수는 다른 모든 함수처럼 복소수 z를 받아 들여 다른 복소수 w를 생산한다. 일반적인 기호로 이 함수를 $w = f(z)$와 같이 쓴다. 우리는 이 책에서 이 함수들의 대수적인 면뿐 아니라 기하학적인 면을 다룬다. 따라서 다소간의 변환의 형태에 이 함수를 이용하게 된다. 특별한 형태들의 복소함수들이 필요한 때에 적절히 다루어 질 것이다.

연습문제

1. 정리 1.6을 증명하라.

2. 부등식

$$|x| - |y| \leq |x - y|$$

를 증명하라.

3. 실수 a, b, c, d가 $ad - bc \neq 0$을 만족할 때 G를 2×2 행렬 $\begin{pmatrix} a & b \\ c & d \end{pmatrix}$의 집합이라 놓자. G가 곱셈군임을 보여라.

4. 위 문제의 G에 대해 G에서 $\mathbf{GL(2)}$로의 사상을 구성하고 이 사상의 핵을 구하라.

5. v가 0이 아닌 벡터라면, v에 비례적인 정확히 두 개의 단위벡터가 있음을 보여라.

6. 원소중의 하나의 벡터가 $(4, -3)$에 비례적인 정규직교쌍을 찾아라.

7. 다음 함수 중에서 선형사상인 것을 찾고, 그 사상을 만드는 행렬을 구하라.

   (a) $T : \mathbb{R}^2 \to \mathbb{R}^2,\ \ T(x, y) = (2x + y, y^2)$

   (b) $T : \mathbb{R}^3 \to \mathbb{R}^2,\ \ T(x, y, z) = (3x + 2y, 4z)$

   (c) $T : \mathbb{R}^2 \to \mathbb{R}^3,\ \ T(x, y) = (x + y, xy, x)$

   (d) $T; \mathbb{R}^3 \to \mathbb{R}^3,\ \ T(x, y, z) = (2, x + y + z, -2)$

   (e) $T : \mathbb{R}^3 \to \mathbb{R},\ \ T(x, y, z) = x + 2y - 3z$

8. 선형사상 $T : \mathbb{R}^3 \to \mathbb{R}^4$의 $\mathbb{R}^3$의 표준기저와 $\mathbb{R}^4$의 표준기저에 관한 행렬이

$$A = \begin{pmatrix} -3 & 1 & 0 \\ 0 & 4 & 1 \\ 5 & -2 & -1 \\ 1 & -2 & 0 \end{pmatrix}$$

일 때, $T(4, 5, -3)$의 값을 구하라.

9. 선형변환

$$T : \mathbb{R}^3 \to \mathbb{R}^3, \ \ T(x,y,z) = (-y,x,-z)$$

와 선형변환

$$S : \mathbb{C}^3 \to \mathbb{C}^3, \ \ S(u,v,w) = (-v,u,-w)$$

의 행렬들을 찾고, 이것들의 고유값 및 고유벡터를 구하고, 이 사상들의 기하학적 의미를 설명하라.

10. $\det A \neq 0$이면 A의 역행렬은 유일함을 증명하라.

11. 복소수 $-1+i\sqrt{3}, 4i, 5-5i\sqrt{3}$를 극형식으로 나타내라.

12. $\dfrac{1}{1+i}, \dfrac{4+i}{1-2i}$를 Cartesian 형태와 극형식으로 나타내라.

13. 극형식을 이용해 모든 복소수는 곱에 관한 역원 $\dfrac{1}{z}$을 가짐을 증명하라.

14. Cartesian 형태에서 $x+iy$의 제곱근은 $y \geq 0$이면

$$\sqrt{x+iy} = \sqrt{\frac{\sqrt{x^2+y^2}+x}{2}} + i\sqrt{\frac{\sqrt{x^2+y^2}-x}{2}}$$

임을 보여라. 다른 제곱근은 무엇인가 ? $y < 0$이면 어떻게 되는가 ?

15. $\left|\dfrac{z}{z-i}\right| = 2$를 만족하는 z들의 집합은 ?

16. α와 β를 복소수라 하고, $z = x+iy$라 하자.

$$\Im(\alpha z + \beta) = 0$$

은 직선을 나타냄을 보여라. 모든 직선이 이러한 방정식으로 표현될 수 있는가 ?

17. $f(z) = iz + 2$, $g(z) = -iz + 5$일 때 합성함수 $w = f(g(z))$를 구하라.

제 2 장 Euclid 기하학

2.1 Euclid 공간

$\mathbb{R}^n$은 기하학적인 면과 대수학적인 면을 모두 가지고 있다. 대수학적인 성질을 생각할 때는 $\mathbb{R}^n$의 벡터 성질을 생각하는 것이다.

이제 $\mathbb{R}^n$의 기하학적인 면을 살펴보자. 1.3절에서 벡터의 내적을 정의함으로써 $\mathbb{R}^n$이 $n-$차원 Euclid 벡터공간임을 알았다. 이제 이 내적을 이용해 임의의 점사이의 거리함수를 정의하자. $P = (x_1, x_2, \cdots, x_n)$와 $Q = (y_1, y_2, \cdots, y_n)$이 점이라면 P와 Q 사이의 거리는 함수

$$d(P,Q) = |Q - P| = \sqrt{(x_1 - y_1)^2 + \cdots + (x_n - y_n)^2}$$

으로 정의한다. 거리함수 d를 가진 집합 $\mathbb{R}^n$을 **Euclid 공간**이라 하고, $\mathbb{E}^n$으로 놓는다. 1.3절에 따르면 Euclid 벡터공간과 Euclid 공간은 동일하다. 여기서 우리가 전개하는 모든 것은 임의의 n에 대해 성립하지만 특히 관심을 두는 것은 $n = 2$인 Euclid **평면** $\mathbb{E}^2$이다. 따라서 별다른 언급이 없는 한 이 장의 논의는 $\mathbb{E}^2$에 한정한다.

거리의 개념은 기하학에서 기초적인 것이다. 이제 거리의 가장 중요한 성질들을 살펴 보자. 이 성질들은 1.3절의 내용으로부터 바로 나온다.

[**정리 2.1**] P, Q와 R을 $\mathbb{E}^2$의 점이라 놓자. 그러면 다음이 성립한다.

i. $d(P,Q) \geq 0$.

ii. $d(P,Q) = 0 \Leftrightarrow P = Q$.

iii. $d(P,Q) = d(Q,P)$.

iv. $d(P,Q) + d(Q,R) \geq d(P,R)$ (삼각부등식).

증명 $d(P,Q) = |Q-P| = |-(P-Q)| = |P-Q|$이므로, 처음 세 성질들은 정리 1.6의 소산이다. 네 번째 성질은

$$|Q-P| + |R-Q| \geq |(Q-P) + (R-Q)| = |R-P|$$

를 보이는 것과 동치이다. 그런데 이것은 따름정리 1.1로부터 분명하다. 더욱이, 등호가 성립할 필요충분조건은 음이 아닌 수 r에 대해 $Q-P = r(R-Q)$인 것이다. 정리 2.3에서 이것은 P, Q와 R이 공선상에 있음을 유도함을 보일 것이다. ◇

2.2 직선

직선

해석기하학에서 하나의 점과 방향이 주어지면 직선을 구성할 수 있으므로 방향에 의해 모든 직선을 특성화할 수 있다. 주어진 0이 아닌 벡터에 비례적인 모든 벡터들의 집합을 **방향**으로 정의한다.

주어진 벡터 v에 대해

$$[v] = \{tv \,|\, t \in \mathbb{R}\}$$

이라 놓자. 만약 P가 임의의 점이고, v가 0이 아닌 벡터라 하면

$$l = \{X \in \mathbb{E}^2 \,|\, X - P \in [v]\} \tag{2.1}$$

를 P를 지나는 방향이 $[v]$인 **직선**이라 한다. 그림 2.1을 보라. 식 (2.1)은

$$l = P + [v]$$

로 쓸 수도 있다. $l = P + [v]$가 직선일 때, v를 l의 **방향벡터**라 부른다.

[**정리 2.2**] P와 Q를 $\mathbb{E}^2$의 서로 다른 점이라 하자. 그러면 P와 Q를 지나는 유일한 직선 $\overleftrightarrow{PQ}$가 존재한다.

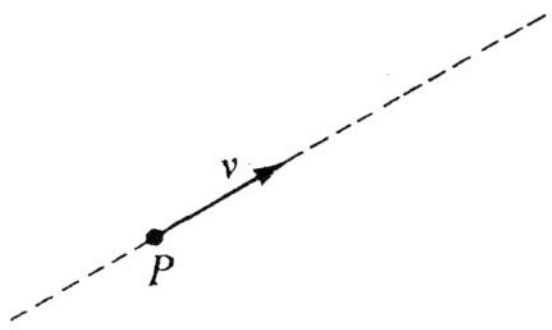

그림 2.1 직선 $l = P + [v]$

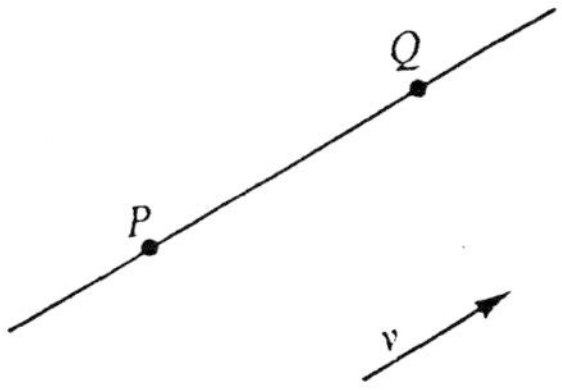

그림 2.2 직선 $\overleftrightarrow{PQ}$와 방향벡터 v

증명 v를 0이 아닌 벡터라 하자. 직선 $P+[v]$가 Q를 지날 필요충분조건은 $Q-P \in [v]$인 것이다. 이것은 $[Q-P]=[v]$임을 뜻한다. 따라서 직선 $P+[Q-P]$는 우리가 찾는 유일한 직선이다. 그림 2.2를 보라. ◇

그러므로 직선 $l = \overleftrightarrow{PQ}$위의 임의의 점 X는

$$\alpha(t) = P + t(P - Q) = (1-t)P + tQ \tag{2.2}$$

로 표시된다. (그림 2.3을 보라.) 이 방정식은 직선의 매개변수표현이다. 만약 $X = (1-t)P + tQ$ $(0 < t < 1)$이라면, X는 P와 Q **사이**에 있다고 한다. 사이성의 이 대수적 특성화는 다음의 기하학적인 것과 동치이다.

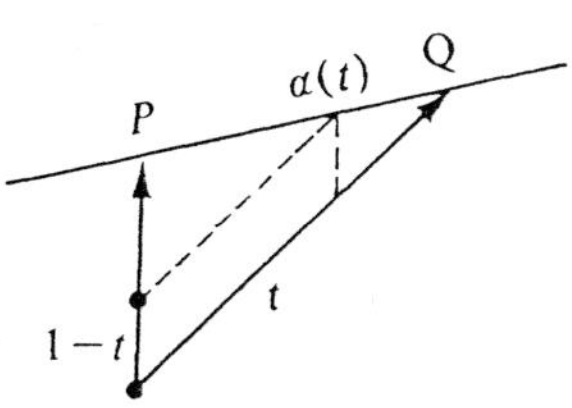

그림 2.3 $\alpha(t) = (1-t)P + tQ$

[정리 2.3] P, X와 Q를 $\mathbb{E}^2$의 서로 다른 점이라 하자. 그러면 X가 P와 Q의 사이에 있을 필요충분조건은

$$d(P,X) + d(X,Q) = d(P,Q)$$

이다.

증명 먼저 X가 P와 Q사이에 있다고 가정하자. 그러면 적당한 $t \in (0,1)$에 대해

$$X = (1-t)P + tQ$$

이고, 따라서

$$d(P,X) = |X - P| = |t(P - Q)| = t|Q - P|$$

이다. 또

$$d(X,Q) = |Q - X| = |(1-t)(Q-P)| = (1-t)|Q-P|$$

이고, 따라서 다음을 얻는다 :

$$d(P,X) + d(X,Q) = t|Q-P| + (1-t)|Q-P| = |Q-P| = d(P,Q).$$

역으로 X를 $d(P,X) + d(X,Q) = d(P,Q)$를 만족하는 $\mathbb{E}^2$의 점이라 가정하자. 정리 2.1에서 보았듯이

$$X - P = r(Q - X)$$

를 만족하는 양수 r이 존재한다. X에 대해 풀면

$$X = \frac{1}{1+r}P + \frac{r}{1+r}Q$$

를 얻는다. $t = \dfrac{r}{1+r}$라 하면, $0 < t < 1$임을 알게 되고, 또 $1 - t = \dfrac{1}{1+r}$ 이 되어 $X = (1-t)P + tQ$가 된다. 따라서 X는 P와 Q 사이에 있다 (그림 2.4와 그림 2.5). ◇

P와 Q를 서로 다른 점이라 하자. P, Q와 그들 사이의 모든 점으로 이루어진 집합을 **선분**이라 하고, PQ로 쓴다. P와 Q는 선분의 끝점이다. 선분의 다른 모든 점은 **내점**이라 부른다.

PQ의 **중점** M은

$$d(P,M) = d(M,Q) = \frac{1}{2}d(P,Q)$$

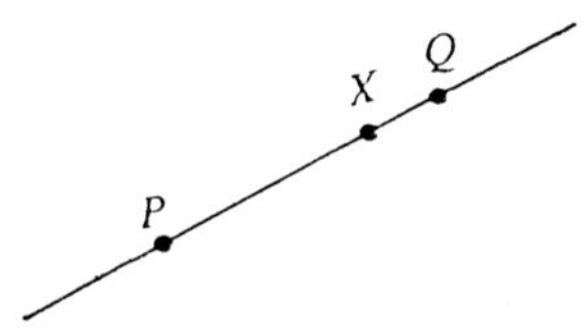

그림 2.4 $d(P,X)+d(X,Q)=d(P,Q)$. X는 P와 Q사이에 있다.

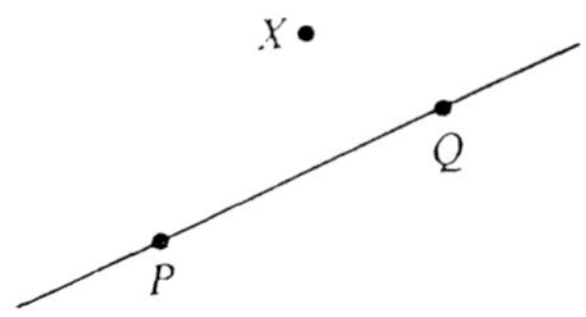

그림 2.5 $d(P,X)+d(X,Q)>d(P,Q)$. X는 P와 Q사이에 있지 않다.

를 만족하는 점이다. 각 선분은 유일한 중점

$$M=\frac{1}{2}(P+Q)$$

를 가짐을 쉽게 알 수 있다 (문제 4).

만약 두 직선 l과 m이 점 P를 지난다면 그들은 P에서 **교차**한다고 하고 P는 그들의 교점이라 한다. 이 관점에서 정리 2.2의 일부를 다시 쓰자.

[**정리 2.4**] 서로 다른 두 직선은 기껏해야 한 개의 교점을 갖는다.

후에 보겠지만, $\mathbb{E}^2$상의 두 직선은 교점을 하나도 갖지 않을 수 있다. 만약 둘 또는 그 이상의 직선이 모두 P점을 지난다면 이 직선들을 **공점선**이라 부른다. 셋 또는 그 이상의 점이 어떤 한 직선에 놓여 있으면 이 점들을 **공선점**이라 한다.

직선의 방정식

$\mathbb{E}^2$상의 두 벡터 v,w가 $\langle v,w\rangle=0$을 만족하면 **직교**한다고 한다. 주어진 벡터에 직교하는 벡터를 찾아야 할 때가 가끔 있다. 만약 $v=(v_1,v_2)$라면 이것에 직교하고 같

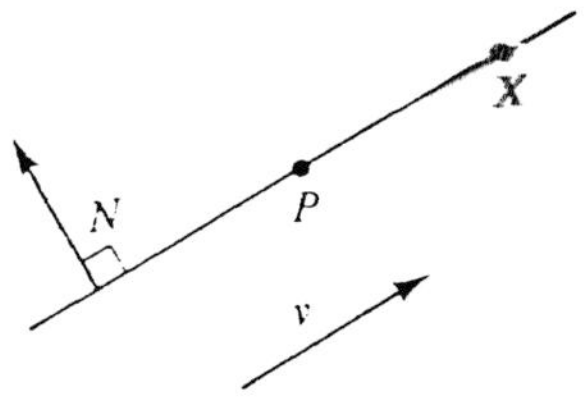

그림 2.6 $\langle X-P, N\rangle = 0$. X는 X는 $l = P + [v]$위에 놓여 있다.

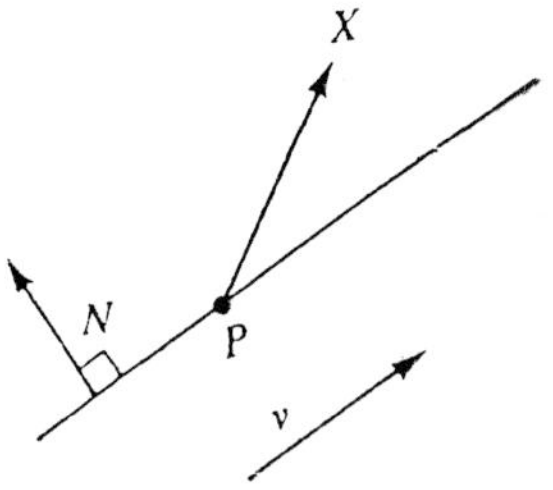

그림 2.7 $\langle X-P, N\rangle \neq 0$. X는 직선 $l = P + [v]$에 놓여 있지 않다.

은 길이를 갖는 벡터를 $v^{\perp} = (-v_2, v_1)$으로 정의한다. 이 때

$$v^{\perp\perp} = -v$$

임을 알 수 있다. 길이가 1인 벡터를 **단위벡터**라 한다. 단위 직교 벡터들의 쌍 $\{v, w\}$를 **정규직교쌍**이라 부른다는 것은 이미 알고 있는 바이다. l이 방향벡터 v인 직선이라 하면, 벡터 $v^{\perp}$는 l의 **법선벡터**라 부른다. 한 직선에 대해 두 개의 법선 벡터가 존재하고 이들은 서로 비례적이다. 이제 법선 벡터에 의한 직선의 특성화를 생각하자. 그림 2.6과 2.7을 보라.

[**정리 2.5**] P를 임의의 점이라 하고 $\{v, N\}$을 벡터들의 정규직교쌍이라 하자. 그러면 $P + [v] = \{X \mid \langle X-P, N\rangle = 0\}$이다.

증명 정리 1.11에 의해 임의의 점 $X \in \mathbb{R}^2$에 대해 항등식

$$X - P = \langle X-P, v\rangle v + \langle X-P, N\rangle N$$

을 얻는다. X가 직선 $P + [v]$에 놓여 있을 필요충분조건은 $\langle X-P, N\rangle = 0$임을 보인

다. 먼저, 실수 t에 대해 $X = P + tv$라 가정하자. 그러면

$$\langle X - P, N\rangle = \langle tv, N\rangle = t\langle v, N\rangle = 0$$

이다. 역으로 $\langle X - P, N\rangle = 0$이면 항등식은

$$X - P = \langle X - P, v\rangle v$$

가 되고, 따라서

$$X = P + \langle X - P, v\rangle v \in P + [v]$$

이다. ◇

[따름정리 2.1] N을 0이 아닌 벡터라 하면, $\{X \,|\, \langle X - P, N\rangle = 0\}$은 P를 지나고 법선벡터가 N인, 따라서 방향벡터가 $N^{\perp}$인 직선이다.

증명 $\langle X - P, N\rangle = 0$일 필요충분조건은 $\left\langle X - P, \dfrac{N}{|N|}\right\rangle = 0$임을 주지하고 정리를 적용하라. ◇

기초적인 해석기하학으로부터 $\{(x, y) \in \mathbb{R}^2 | ax + by + c = 0\}$은 $a^2 + b^2 \neq 0$이기만 하면 직선을 표현함을 기억하라. 이것을 다음과 같이 자세히 분류해 볼 수 있다.

[정리 2.6] a, b와 c를 실수라 하자. 그러면 $\{(x, y) \in \mathbb{R}^2 \,|\, ax + by + c = 0\}$은

i. $a = 0, b = 0$이고 $c \neq 0$이면 공집합이다.

ii. $a = 0, b = 0$이고 $c = 0$이면 전평면 $\mathbb{R}^2$이다.

iii. 이외의 경우는 법선벡터가 (a, b)인 직선이다.

증명 경우 (i)과 (ii)는 자명하다. $a^2 + b^2 \neq 0$인 경우를 생각해 보자. 이 경우에 주어진 집합은 공집합이 아님을 알 수 있다. 실제로 $\left(-\dfrac{c}{a}, 0\right)$과 $\left(0, -\dfrac{c}{b}\right)$ 중의 하나는 정의되어야만 하고 방정식을 만족한다. $P = (x_1, y_1)$을 방정식을 만족하는 임의의 점이라 하자. 그러면 $c = -(ax_1 + by_1)$이다. 따라서 $ax + by + c = 0$이 될 필요충분조건은 $a(x - x_1) + b(y - y_1) = 0$인 것이다. $N = (a, b)$라 놓으면 문제의 집합은 점 P를 지나고 법선 벡터가 N인 직선이다. ◇

수직선분

두 직선 l과 m은 그들이 서로 직교하는 방향벡터를 **가지면 수직**하다고 말하고, $l \perp m$으로 쓴다. 두 선분은 그것들이 놓여 있는 직선들이 직교하면 수직이다. 정리 2.4의 특수한 경우로 다음을 보자.

[정리 2.7] $l \perp m$이면 l과 m은 유일한 공통 교점을 갖는다.

증명 $l = P + [v]$이고 $m = Q + [w]$라 하자. v, w는 단위벡터라 가정할 수 있고, 따라서 $\{v, w\}$가 정규직교집합이라 가정할 수 있다.

$$P - Q = \langle P - Q, v\rangle v + \langle P - Q, w\rangle w$$

라 쓰면

$$P - \langle P - Q, v\rangle v = Q + \langle P - Q, w\rangle w$$

이다.

$$F = P - \langle P - Q, v\rangle v = Q + \langle P - Q, w\rangle w$$

라 놓으면, F는 l과 m에 동시에 놓인다.

F는 유일한 공통교점이다. 왜냐하면, 만약 공통교점이 두 개라면 정리 2.4에 의해 두 직선은 일치해야만 한다. ◇

이 결과에 따라 유클리드의 구성에 의해 유발된 결과를 얻을 수 있다.

[정리 2.8] X를 점이라 하고, l을 직선이라 하자. 그러면 X를 지나고 l에 수직인 유일한 직선 m이 존재한다. 더욱이

i. $m = X + [N]$, 단 N은 l의 단위 법선이다.

ii. P가 l위의 점일 때, l과 m은 점 $F = X - \langle X - P, N\rangle N$에서 만난다.

iii. $d(X, F) = |\langle X - P, N\rangle|$.

참고 l과 X가 주어질 때, m의 구성은, 만약 X가 l위의 점이면, **X에서 l에 수선을 세운다**고 부른다. 이외의 경우는 **X로부터 l에 수선을 내린다**고 한다. 이 경우 l과 m의 유일한 교점을 **수선의 발** F라 부른다. 정리 2.8은 그림 2.8과 2.9에 보여져 있다.

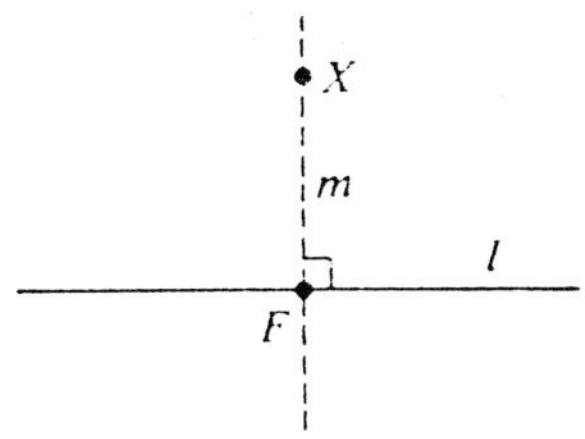

그림 2.8 X로부터 l에 수선을 내림

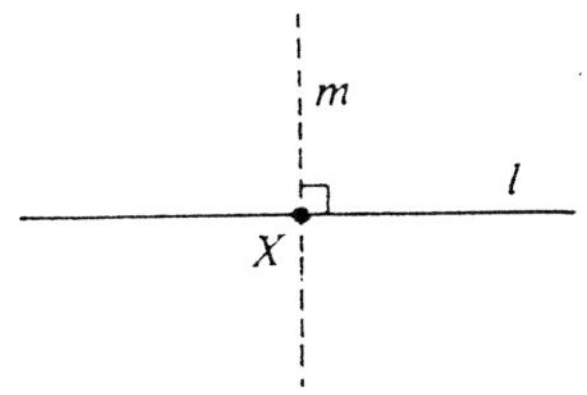

그림 2.9 X에서 l에 수선을 세움

[**정리 2.9**] l을 임의의 직선이라 하고, X를 l위에 있지 않은 점이라 하자. F를 l에 X에서 내린 수선의 발이라 하자. 그러면 F는 X에서 가장 가까운 l의 점이다. (그림 2.10을 보라.)

증명 P를 l위의 점이라 하자. $PF \perp FX$이므로 Pythagoras정리에 의하면 $|X-P|^2 = |X-F|^2 + |F-P|^2$이다. 따라서 $|X-P|^2 \geq |X-F|^2$이 성립하고 등호는 $P=F$인 경우에만 성립한다. ◇

[**정의 2.1**] 수 $d(X,F)$는 점 X에서 직선 l**까지의 거리**라 부르고 $d(X,l)$로 쓴다.

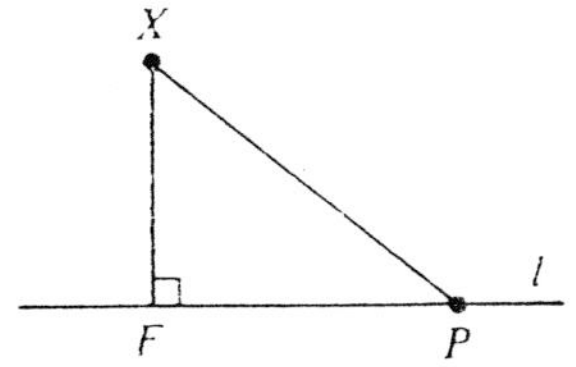

그림 2.10 F는 X에 가장 가까운 l의 점이다.

참고 $d(X,l)$은 X에서 l의 임의의 점까지의 최단거리이다.

[**따름정리 2.2**] l을 단위법선벡터 N을 가진 직선이라 하자. X를 $\mathbb{R}^2$의 점이라 하자. 만약 P가 l위의 점이라면

$$d(X,l) = |\langle X - P, N \rangle|$$

이다.

수직성에 대한 또 하나의 개념을 보자. PQ를 선분이라 하자. PQ의 중점을 지나는 직선, 즉 $\overleftrightarrow{PQ}$에 수직인 직선을 선분 PQ의 **수직이등분선**이라 부른다. 즉, 수직이등분선은 P와 Q로부터 등거리에 있는 모든 점들의 집합이다.

평행선과 교선

두 개의 서로 다른 직선 l과 m이 교점을 하나도 갖지 않는다면 **평행**이다.

앞에서 살펴 보았듯이, 만약 l이 임의의 직선이고, P가 l위의 점이며, v가 l의 방향 벡터라면, $l = P + [v]$이다. 이제 이 방향벡터를 이용한 평행에 대한 다음의 판단 기준을 얻는다.

[**정리 2.10**] 두 개의 서로 다른 직선 l과 m이 평행일 필요충분조건은 그들이 같은 방향을 갖는 것이다. (직선 $P + [v]$의 방향은 집합 $[v]$임을 기억하라.)

증명 l과 m이 공통교점 F를 갖는다 하자. 0이 아닌 벡터 v와 w에 대해 $l = F + [v]$와 $m = F + [w]$라 쓸 수 있다. l과 m이 서로 다르므로, $[v] \neq [w]$이다.

역으로, l과 m이 서로 다른 방향 $[v]$와 $[w]$를 갖는다 하자. P를 l의 점, Q를 m의 점이라 하자. v와 w가 서로 비례적이 아니므로 $P - Q = tv + sw$가 되는 수 t와 s가 존재한다. 이는 $P - tv = Q + sw$임을 뜻한다. $F = P - tv = Q + sw$라 하면 F는 l과 m의 공통교점이다. ◇

평행선은 각 방향에서 하나씩 족으로 나타난다. 족의 하나의 원소 l에 수직인 직선 m은 다른 모든 것들에도 또한 수직이다. 따라서 m을 따라 거리를 잼으로써 본질적으로 실수에 의해 족을 매개변수화하는 것이 가능하다. 이 사실들이 직관적이고 잘 알려진 것이긴 하지만 이것들을 비유클리드 기하학에서의 유사상황과 비교하기

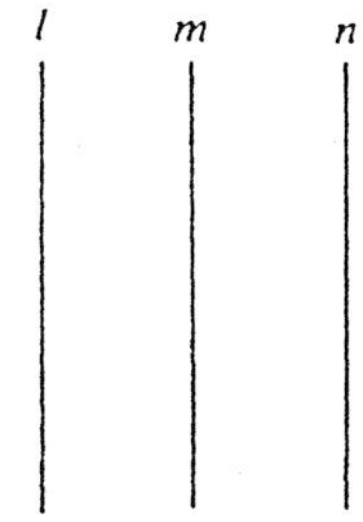

그림 2.11 $l \parallel m, m \parallel n, l \parallel n$

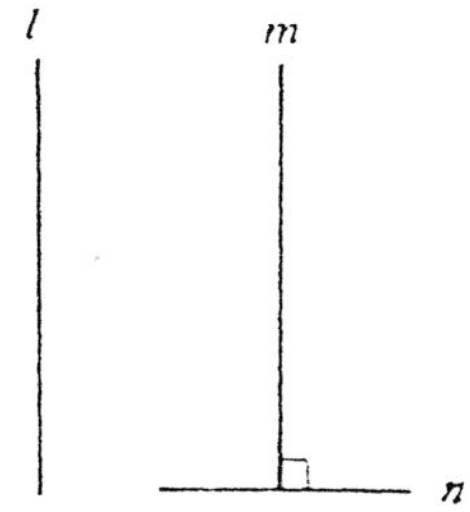

그림 2.12 $l \parallel m$과 $m \perp n$은 $l \perp n$을 유도한다.

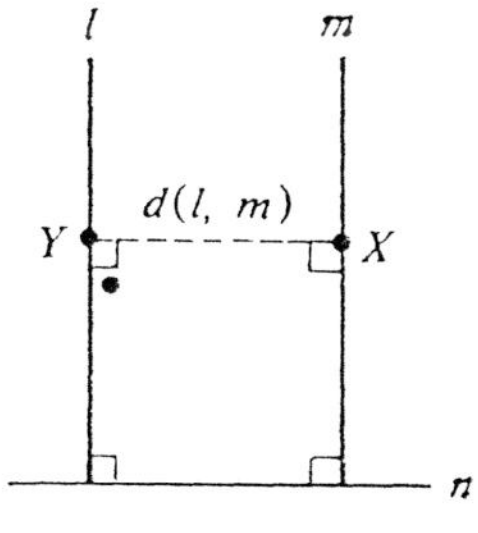

그림 2.13 $l \perp n, m \perp n$과 $l \parallel n$. $d(X, l) = d(Y, m) = d(l, m)$

위해서 증명없이 적어 보겠다. 경우 (i) - (iii)은 그림 2.11 - 2.13에 각각 보여져 있다. 그림 2.13은 또한 정리 2.12를 예시한다.

[정리 2.11] i. $l \parallel m$이고 $m \parallel n$이면, $l = n$이거나 $l \parallel n$이다.

ii. $l \parallel m$이고 $m \perp n$이면, $l \perp n$이다.

iii. $l \perp n$이고 $m \perp n$이면, $l \parallel n$ 또는 $l = m$이다.

[정리 2.12] 직선 l과 m이 평행하다고 하면, 모든 $X \in m$와 모든 $Y \in l$에 대해

$$d(X,l) = d(Y,m) = d(l,m)$$

인 유일한 수 $d(l,m)$이 존재한다. 실제로 N이 l과 m의 단위법선벡터라면 점 $X \in m$와 $Y \in l$에 대해

$$|\langle X - Y, N\rangle| = d(l,m)$$

이다.

따라서 평행선은 "등거리"를 뜻한다. 반면 교선은 다음과 같이 행동한다 :

[정리 2.13] l을 직선이라 하고 m을 점 P에서 l과 만나는 직선이라 하자. v와 w를 각각 l과 m의 단위 방향 벡터라 하자. $\alpha(t) = P + tw$를 m의 매개변수화라 하자. 그러면 $d(\alpha(t), l) = |t||\langle w, v^{\perp}\rangle|$이다. 따라서 X가 m을 따라 움직이면 $d(X,l)$은 음이 아닌 모든 실수를 취하고, 이 때 각각의 양의 실수는 두 번 나타난다 (그림 2.14).

2.3 Euclid 변환

평면의 임의의 부분집합을 **도형**이라 부른다. Euclid가 기하학을 취급함에 있어서 간과했던 것 중 가장 심각한 것은 **강체운동**–즉, 도형들의 모양을 변형하지 않는 평면의 변환들–의 구체적인 고려를 소홀히 했다는 것이다. 1872년에 이르러 대부분의 수학자들은 Euclid 기하학에 대해, 각각이 강체운동들의 집합 또는 군을 가진, 유효한 대체들이 존재함을 완전히 깨달았다. 기하학들의 이 확장으로부터 기인된 문제중의 하나는 그것들을 분류하는 것이었고, 같은 해에 Felix Klein (1849-1925)은 Erlanger

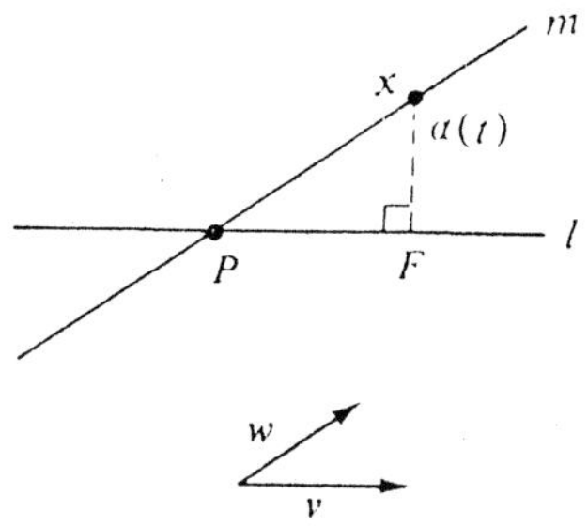

그림 2.14 $d(\alpha(t), F) = |t||\langle w, v^{\perp}\rangle|$

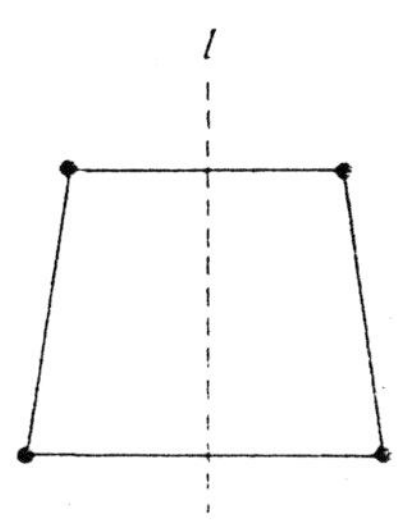

그림 2.15 직선 l에 관해 대칭인 도형

Program을 발표했는데 그는 이 Program에서 기하학들은 그것들의 강체운동의 군들에 의해 분류되어야 한다고 제안하였다. 이 절에서는 두 가지 목표를 이루고자 한다. 첫째는 평면들의 모든 강체운동은 반사변환, 평행이동, 회전변환, 또는 미끄럼 반사변환임을 밝히는 것이다. 두 번째로는 반사변환들이 모든 다른 강체운동들을 생성한다는 것을 증명한다. 더 구체적으로, 모든 강체운동은 기껏해야 세 개의 반사변환들의 합성(곱)에 의해 표현될 수 있음을 보인다.

반사변환

물론 어떤 도형들은 다른 것들보다 더 관심이 있다. 고차의 대칭을 가진 도형들이 가장 관심이 있는데, 이는 심미적인 고려뿐만 아니라 자연에서 나타나기 때문이다. 눈꽃, 분자와 수정은 대칭되는 횡단면을 가진 물체의 세 가지 예이다.

평면도형이 가질 수 있는 대칭중 가장 간단한 것은 직선에 관한 대칭이다(그림 2.15). l을 P를 지나는 단위 법선벡터가 N인 직선이라 하자. 두 점 X와 X'은, 선분

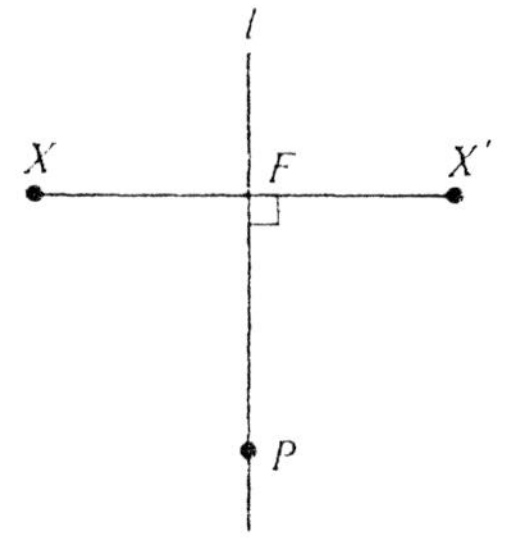

그림 2.16 X와 X'은 l에서의 반사에 의해 관련되어 있다.

XX'의 중점이 X에서 l에 내린 수선의 발 F라면, l에 관해 대칭이다(그림 2.16). 다시 말하면, X와 X'은,

$$\frac{1}{2}(X+X') = F$$

이면, l에 관해 대칭적이다. 정리 2.8에 의해 이는

$$\begin{aligned}\frac{1}{2}X+\frac{1}{2}X' &= X-\langle X-P,N\rangle N,\\ \frac{1}{2}X' &= \frac{1}{2}X-\langle X-P,N\rangle N,\\ X' &= X-2\langle X-P,N\rangle N\end{aligned}$$

을 뜻한다.

여러가지 직선에 대한 대칭을 생각하기 위해서는 X와 X'의 관계식을 X를 X'으로 보내는 변환에 의해 표현하는 것이 편리하다.

[정의 2.2] l을 임의의 직선이라 하고, X를 l위에 있지 않은 점이라 하자. 또 P는 l의 임의의 점이고, N은 l의 단위 법선벡터로 놓자. 그러면 X의 l에 대한 반사는 $\mathbb{E}^2$에서 $\mathbb{E}^2$로의 사상 Ω_l

$$\Omega_l X = X - 2\langle X-P,N\rangle N$$

이다.

만약 $\mathfrak{F}$가 $\Omega_l\mathfrak{F} = \mathfrak{F}$인 도형이라면, $\mathfrak{F}$는 l에 관해 대칭이라 부른다. 직선 l은 $\mathfrak{F}$의 **대칭축** 또는 반사직선이라 부른다. 이제 반사변환의 몇 가지 성질들을 살펴보자.

[정리 2.14] i. $d(\Omega_l X, \Omega_l Y) = d(X,Y)$ $(X, Y \in \mathbb{E}^2)$.

ii. 모든 $X \in \mathbb{E}^2$에 대해, $\Omega_l\Omega_l X = X$.

iii. $\Omega_l : \mathbb{E}^2 \to \mathbb{E}^2$는 전단사이다.

증명 i. $\Omega_l X - \Omega_l Y = X - Y - 2\langle X - Y, N\rangle N$. 따라서

$$\begin{aligned} |\Omega_l X - \Omega_l Y|^2 &= |X - Y|^2 - 4((\langle X - Y, N\rangle))^2 + 4((\langle X - Y, N\rangle))^2\langle N, N\rangle \\ &= |X - Y|^2. \end{aligned}$$

ii. $\lambda = \langle X - P, N\rangle$일 때 $\Omega_l X = X - 2\lambda N$이라 놓자. 그러면

$$\begin{aligned} \Omega_l\Omega_l X &= X - 2\lambda N - 2\langle X - 2\lambda N - P, N\rangle N \\ &= X - 2\lambda N - 2\langle X - P, N\rangle N + 4\lambda\langle N, N\rangle N \\ &= X - 2\lambda N - 2\lambda N + 4\lambda N \\ &= X. \end{aligned}$$

iii. 먼저 Ω_l이 단사임을 보인다. $\Omega_l X = \Omega_l Y$이면 $\Omega_l\Omega_l X = \Omega_l\Omega_l Y$이고, (ii)에 의해 $X = Y$이다. Ω_l이 전사임을 보이기 위해 Y를 $\mathbb{E}^2$의 점이라 하자. $X = \Omega_l Y$라 하면 $\Omega_l X = Y$이고, 따라서 Y는 Ω_l의 치역에 있다. ◇

[정리 2.15] X가 Ω_l의 고정점일 필요충분조건은 $X \in l$인 것이다.

증명 $X - 2\langle X - P, N\rangle N = X$일 필요충분조건은 $\langle X - P, N\rangle N = 0$인 것이다 : 즉, $\langle X - P, N\rangle = 0$. 정리 2.5로부터 결과가 나온다. ◇

참고 1. 사상 T의 **고정점**은 $TX = X$를 만족하는 점 X이다. 따라서 정리 2.15는 반사의 고정점들은 그것들의 축에 놓여 있는 점들임을 말한다.

2. 정리 2.14는 반사변환은 대합적 등거리 전단사함수(다음 주제임)임을 보인다. 사상 T가 대합적이라 함은 $T^2 = TT = I$($\mathbb{E}^2$의 항등사상)임을 뜻한다.

합동과 등거리변환

만약 $\mathfrak{F}$가 임의의 도형이고 Ω_l이 임의의 반사변환이라면, $\Omega_l\mathfrak{F}$를 직선 l에 대한 $\mathfrak{F}$의 **거울상**이라 한다. 도형과 그것의 거울상은 같은 '크기'와 '모양'을 갖는다. 만약

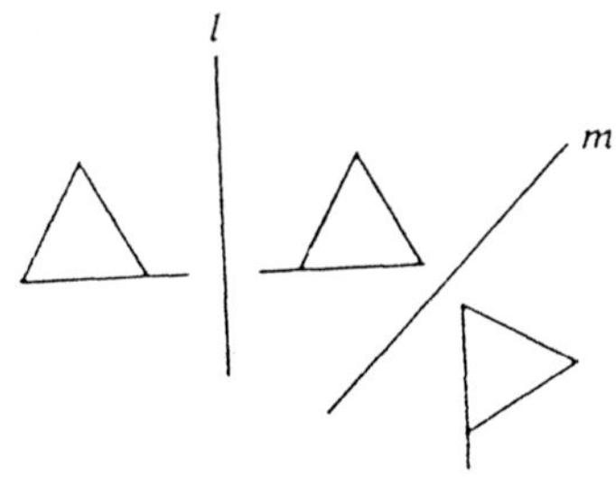

그림 2.17 연속반사 $\Omega_m\Omega_l$

Ω_m이 두 번째 반사변환이라면, $\Omega_m\Omega_l\mathfrak{F}$는 다시 $\mathfrak{F}$와 같은 크기와 모양을 갖는다. (그림 2.17을 보라.)

$\mathfrak{F}$를 평면에서 '변하지 않게' 움직여서 $\Omega_m\Omega_l\mathfrak{F}$와 겹치게 할 수 있다. 크기, 모양과 강체 운동과 같은 직관적 개념을 정확하게 해주는 중요한 성질은 $\mathfrak{F}$위의 점들의 각 쌍사이의 거리는 $\Omega_m\Omega_l\mathfrak{F}$의 대응되는 점들의 쌍사이의 거리와 같은 것이다. 등거리변환의 일반적 개념을 다음과 같이 도입한다 :

[**정의 2.3**] $\mathbb{E}^2$에서 $\mathbb{E}^2$로의 사상 T는 임의의 $X, Y \in \mathbb{E}^2$에 대해

$$d(TX, TY) = d(X, Y)$$

가 성립하면 **등거리변환**이라 부른다.

[**정의 2.4**] 두 도형 $\mathfrak{F}_1$과 $\mathfrak{F}_2$는 $T\mathfrak{F}_1 = \mathfrak{F}_2$인 등거리변환 T가 존재하면 **합동**이다.

모든 반사변환은 등거리변환임을 정리 2.14에서 보았다. 물론 모든 등거리변환이 반사변환이 아니지만, 모든 등거리변환은 많아야 세 개의 반사변환의 곱 (합성)임을 후에 보일 것이다. 따라서 반사변환은 등거리변환의 기본적인 축조단위이다.

등거리변환 T는 $\mathbb{E}^2$에서 $\mathbb{E}^2$위로의 전단사 함수이다. 실제로, $TX = TY$이면,

$$0 = d(TX, TY) = d(X, Y)$$

이고, 따라서 $X = Y$이다. 그러므로 역사상 T^{-1}가 존재한다. 실제로

$$d(T^{-1}X, T^{-1}Y) = d(TT^{-1}X, TT^{-1}Y) = d(X, Y)$$

이므로 T^{-1} 또한 등거리변환이다. 더욱이, T와 S가 등거리변환이라면,

$$d(TSX, TSY) = d(SX, SY) = d(X, Y)$$

이다. 이제 이 결과들을 정리로 쓰자.

[**정리 2.16**] i. T와 S가 등거리변환이면, TS도 그렇다.

ii. T가 등거리변환이면, T^{-1}도 그렇다.

iii. $\mathbb{E}^2$의 항등사상 I는 등거리변환이다.

다시 말하면, 모든 등거리변환의 집합은 $\mathbb{E}^2$의 **등거리변환군**이라 불리는 군이다. 이것을 $\mathfrak{I}(\mathbb{E}^2)$라 쓴다.

$\mathfrak{F}$를 $\mathbb{E}^2$에 있는 도형이라 하자. 그러면 대칭변환들의 집합

$$\mathfrak{S}(\mathfrak{F}) = \{T \in \mathfrak{I}(\mathbb{E}^2) \mid T\mathfrak{F} = \mathfrak{F}\}$$

는 $\mathfrak{F}$의 **대칭군**이라 불리는$\mathfrak{I}(\mathbb{E}^2)$의 부분군이다.

평행이동

두 반사변환의 곱을 묘사할 간단한 방법이 없을까 ? 이 절에서는 반사축들이 평행한 경우에 이 질문에 긍적적인 답이 있음을 보일 것이다.

특별히, m과 n이 평행선이면 m위에 P를 임의로 잡고 P로부터 n에 수선의 발을 내려 Q를 잡는다. 그러면 만약 N을 m (따라서 n)의 단위 법선벡터라 하면

$$\begin{aligned}
\Omega_m\Omega_n x &= \Omega_n x - 2\langle \Omega_n x - P, N\rangle N \\
&= x - 2\langle x - Q, N\rangle N - 2\langle x - P, N\rangle N \\
&\qquad +4\langle x - Q, N\rangle\langle N, N\rangle N \\
&= x + 2\langle P - Q, N\rangle N = x + 2|P - Q|N \\
&= x + 2(P - Q) \qquad (2.3)
\end{aligned}$$

를 얻는다.

[**정의 2.5**] l을 직선이라 하고 m과 n을 l에 수직인 직선이라 하자. 변환 $\Omega_m\Omega_n$은 l위에서의 **평행이동**이라 한다. 만약 $m \neq n$이면 평행이동은 자명하지 않다고 한다.

참고 $\mathbb{E}^2$상의 두 직선이 l에 수직할 때, 물론 그들은 평행이다. 반면, 두 직선이 평행할 때 그 둘에 수직인 직선은 무한히 많다. 그러나 이것은 Euclid 기하학외의 기하학에서는 성립하지 않는다. 예를 들어, 사영평면에서는 두 직선은 서로 평행하지 않은 상태로 다른 직선과 수직으로 만날 수 있다. 반면 쌍곡평면에서는 공통수선이 없이 평행한 직선들이 존재한다.

이제 유클리드 평면에서는 평행이동은 직선을 유일하게 결정하지 않고 평행족을 결정함을 보인다. 다음의 증명은 연습문제로 남긴다 :

[**정리 2.17**] T를 l위에서의 평행이동이라 하자. 만약 l'이 l에 평행인 임의의 직선이라면 T는 또한 l'위에서의 평행이동이다.

l위에서의 각각의 평행이동은 l의 방향벡터를 평면상의 각각의 벡터에 더하는 효과를 가짐을 관찰한다.

[**정리 2.18**] T를 l위에서의 자명하지 않은 평행이동이라 하자. 그러면 l은 모든 $x \in \mathbb{E}^2$에 대해

$$T(x) = x + v \tag{2.4}$$

를 만족하는 방향벡터 v를 갖는다. 역으로, 만약 v가 0이 아닌 벡터이고 l이 방향벡터 v인 임의의 직선이면, 식 (2.4)에 의해 결정된 변환 T는 l위에서의 평행이동이다.

증명 N을 α (따라서 β)의 단위법선벡터라 하자. P를 $\mathbb{E}^2$의 임의의 점이라 놓고, α와 β가 l에 수직인 직선이라 하자 (그림 2.18). 그러면 N은 동시에 l의 단위방향벡터가 된다. a와 b를 $P + aN \in \alpha$이고 $P + bN \in \beta$인 유일한 수라 하자. 식 (2.3)은

$$\begin{aligned}\Omega_\alpha\Omega_\beta x &= x + 2(P + aN - P - bN) \\ &= x + 2(a - b)N\end{aligned}$$

이 된다. $T \neq I$라면 $a \neq b$이어야만 하고, 따라서 $(a-b)N$이 구하고자 하는 방향벡터 v이다.

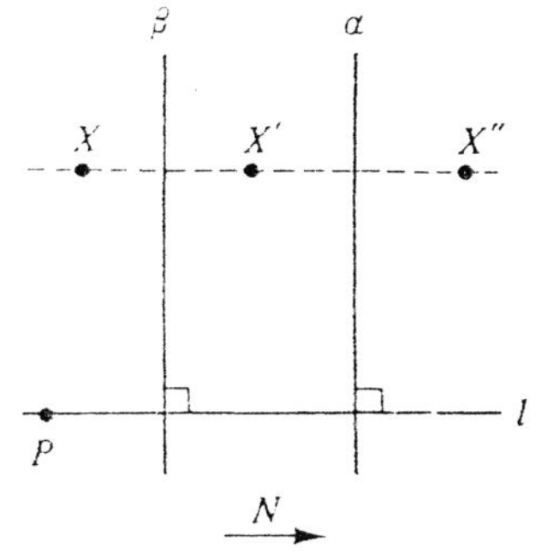

그림 2.18 $\Omega_\alpha\Omega_\beta$는 $2d(\alpha, \beta)$ 만큼의 l위에서의 평행이동이다. X, X', X''는 연속된 세 점.

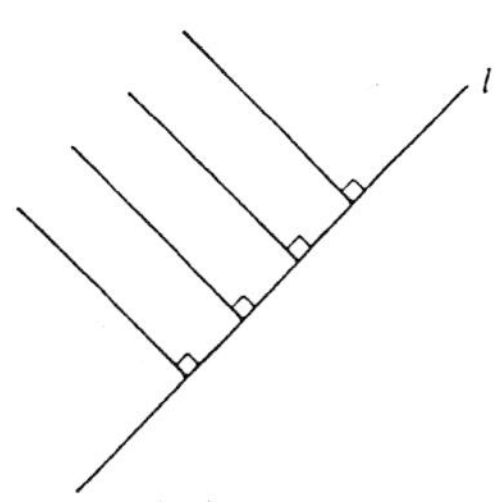

그림 2.19 공통수선 l을 가진 평행속

역으로 각각의 실수 λ에 대하여 변환 T_λ를, 모든 $x \in \mathbb{E}^2$에 대해

$$T_\lambda(x) = x + \lambda N \tag{2.5}$$

이라 가정하자. 만약 a와 b가 $\lambda = 2(a-b)$를 만족하는 두 수라면, $\alpha = P + aN + [N^\perp]$이고 $\beta = P + bN + [N^\perp]$이라 할 때 $T_\lambda = \Omega_\alpha\Omega_\beta$임을 보일 수 있다. ◇

이제 l에 수직인 직선들에 대한 반사변환에 의해 생성된 모든 등거리변환군을 조사하자. 먼저 새로운 용어를 하나 살펴 보자.

[**정의 2.6**] $\mathbb{E}^2$상의 주어진 직선 l에 수직인 모든 직선의 집합을 **평행속**이라 한다. 직선 l은 속에 대한 공통수선이다. 그림 2.11를 보라.

$\mathbb{E}^2$상의 임의의 직선 m과 평행인 모든 직선을 취하는 것도 동일한 구성이다.

이제까지는 평행속에 있는 직선에 대한 두 반사변환의 곱은 공통수선 l위에서의 평행이동임을 알았다. 이제 그러한 족의 반사변환에 의해 형성되는 등거리변환의 집합의 대수적 구조에 대해 더 알아보자.

평행이동부터 시작하자. l위에서의 모든 평행이동의 집합을 **TRANS**(l)이라 놓는다.

[**정리 2.19**] **TRANS**(l)은 실수의 덧셈군과 동형인 가환군이다.

증명 정리 2.18의 기호를 사용하자. 그러면 $x \in \mathbb{E}^2$에 대해

$$\begin{aligned} T_\lambda \circ T_\mu(x) &= T_\lambda(x + \mu N) = x + \mu N + \lambda N \\ &= x + (\mu + \lambda)N = T_{\mu+\lambda}(x). \end{aligned}$$

가 된다. 비슷하게

$$T_\mu \circ T_\lambda(x) = T_{\lambda+\mu}(x)$$

를 얻는다. $\lambda + \mu = \mu + \lambda$이므로 l위에서의 평행이동은 교환된다.

더욱이, $\lambda = 0$이라 놓으면 $T_0 = I$이고 $T_\lambda \circ T_{-\lambda} = T_0 = I$이므로

$$(T_\lambda)^{-1} = T_{-\lambda}$$

이다. 따라서 **TRANS**(l)은 $\mathfrak{I}(\mathbb{E}^2)$의 부분군이다. 더욱이, $\mathbb{R}$에서 **TRANS**(l)로의 사상 $\lambda \to T_\lambda$는 동형사상이다. 이것은 $T_0 = I, T_\lambda^{-1} = T_{\lambda^{-1}}$이고 $T_\lambda T_\mu = T_{\lambda+\mu}$임을 보면 알 수 있다. ◇

$\mathfrak{P}$를 직선 l에 수직인 모든 직선들의 속이라 하자. **REF**$(\mathfrak{P})$를 $m \in \mathfrak{P}$일 때 Ω_m의 형태로 이루어진 모든 반사에 의해 이루어진 군으로 놓는다. 다시 말하면 **REF**$(\mathfrak{P})$는 그러한 모든 Ω_m을 포함하는 $\mathfrak{I}(\mathbb{E}^2)$의 가장 작은 부분군이다. 연달아 **TRANS**(l)은 **REF**$(\mathfrak{P})$의 부분군이다.

REF$(\mathfrak{P})$의 대수구조를 논의하기 위해서 $\mathfrak{P}$에 의해 결정된 족안에서 임의의 반사변환들의 곱을 계산할 수 있어야만 한다. 앞의 기호에 의해 $\Omega_\alpha \Omega_\beta = T_\lambda$임을 알고 있다. 그러면 세 개의 반사변환들의 곱은 어떤 결과를 나타낼까 ? 다음 정리를 보자.

[정리 2.20 (세반사변환 정리)] α, β, γ를 공통수선 l을 갖는 속 $\mathfrak{P}$의 세 직선이라 하자. 그러면

$$\Omega_\alpha \Omega_\beta \Omega_\gamma = \Omega_\delta$$

를 만족하는 이 속의 네 번째 직선 δ가 유일하게 존재한다.

증명 정리 2.18의 정의를 이용하자. 공통수선 l을 갖고, 수 a, b와 c에 대응하는 $\mathfrak{P}$의 세 직선 α, β, γ를 취한다. 그러면

$$\begin{aligned}
\Omega_\alpha \Omega_\beta \Omega_\gamma &= \Omega_\alpha \circ T_{2(b-c)} \\
&= \Omega_\alpha(x + 2(b-c)N) \\
&= \Omega_\alpha(x + \mu N) \qquad\qquad (\mu = 2(b-c)) \\
&= x + \mu N - 2\langle x + \mu N - P - aN, N\rangle N \\
&= x - 2\langle x - P, N\rangle N + (2a - \mu)N \\
&= x - 2\langle x - P, N\rangle N + 2(a - b + c)N \\
&= x - 2\langle x - (P + (a - b + c)N), N\rangle N.
\end{aligned}$$

우변은 $d = a - b + c$라 할 때 점 $P + dN$을 지나는 직선 $\delta \in \mathfrak{P}$에 대한 반사변환 Ω_δ이다. ◇

따라서 $\mathfrak{P}$에 있는 직선에 대한 세 반사변환의 곱은 같은 속 $\mathfrak{P}$에 있는 직선에 대한 네 번째 반사변환이다. 이것은 후에 평면기하학의 등거리변환을 분류하는데 중요한 역할을 하는 **세반사변환 정리**의 한 예이다.

주어진 평행이동이 두 개의 반사변환의 곱으로 표현되는 방법에는 여러가지가 있다. 세반사변환정리를 이용하면 이 융통성을 정확하게 나타낼 수 있다.

[정리 2.21 (평행이동에 대한 표현정리)] $T = \Omega_\alpha \Omega_\beta$를 **TRANS**$(l)$의 임의의 원소라 하자. 만약 m과 n이 l에 수직인 직선이라 하면

$$T = \Omega_m \Omega_{m'} = \Omega_{n'} \Omega_n$$

이 되는 유일한 직선 m'과 n'이 존재한다.

증명 m, α와 β에 세 반사변환 정리를 적용하여 $\Omega_m\Omega_\alpha\Omega_\beta = \Omega_{m'}$이 되는 유일한 직선 m'을 생성하라. 그러면 양변에 Ω_m을 곱합으로써 $\Omega_\alpha\Omega_\beta = \Omega_m\Omega_{m'}$을 얻는다. 직선 n'도 유사하게 얻어진다. ◇

[**따름정리 2.3**] **REF**($\mathfrak{P}$)의 각각의 원소는 l을 따른 평행이동이거나 $\mathfrak{P}$의 직선에 대한 반사변환이다.

증명 이는 우리가 구성한 사실들을 요약해 놓은 다음 군의 곱셈표로부터 분명하다. $\alpha = P + aN + [N^\perp]$이고 $\beta = P + bN + [N^\perp]$임을 상기하라.

	Ω_β	T_μ
Ω_α	$T_{2(a-b)}$	Ω_γ
T_λ	Ω_δ	$T_{\lambda+\mu}$

Ω_γ와 Ω_δ는 각각 $\gamma = P + \left(a - \frac{\mu}{2}\right) N + [N^\perp]$와 $\delta = P + \left(b + \frac{\lambda}{2}\right) N + [N^\perp]$에 대한 반사변환이다. ◇

v를 $\mathbb{E}^2$의 벡터라 하자. v에 의한 평행이동 τ_v를 식 (2.4)에 따라

$$\tau_v(x) = x + v$$

로 정의한다. (만약 $v = 0$이면 $\tau_v = I$이고 이것은 **자명한 평행이동**이다.) 모든 평행이동이 우리가 서술한 방법에 의해 이루어진다 해도 기초적인 방법에 의해 두 개의 평행이동의 곱은 같은 직선에 대한 평행이동이 아님을 논의하는 것이 가능하다.

[**정리 2.22**] 모든 평행이동의 집합 $\mathfrak{T}(\mathbb{E}^2)$는 $\mathfrak{I}(\mathbb{E}^2)$의 가환 부분군이다.

증명 다음 등식은 쉽게 밝힐 수 있고, 정리의 결론들을 유도한다 :

1. $\tau_v\tau_w = \tau_{v+w}$.
2. $\tau_0 = I$.
3. $\tau_{-v} = (\tau_v)^{-1}$.

◇

[따름정리 2.4] $\mathfrak{T}(\mathbb{E}^2)$는 군 $(\mathbb{R}^2, +)$와 동형이다.

회전변환

교차하는 두 직선에 대한 반사변환의 곱을 조사해 보자.

$l = P + [v]$를 단위방향벡터 v를 가진 직선이라 하자. 유일한 실수 $\vartheta \in (-\pi, \pi]$가 존재하여

$$v = (\cos\vartheta, \sin\vartheta)$$

로 쓸 수 있다. 단위 법벡터 $v^\perp$는

$$N = (-\sin\vartheta, \cos\vartheta)$$

로 쓰여질 수 있다. 이제 Ω_l을 ϑ에 의해 표현해 보자. 먼저 $x \in \mathbb{E}^2$에 대해

$$\begin{aligned} \Omega_l(x) &= x - 2\langle x - P, N\rangle N \\ \Omega_l(x) - P &= x - P - 2\langle x - P, N\rangle N \end{aligned}$$

임을 유의하자. l_0를 방향이 $[v]$이고 0을 지나는 직선이라 하자. 그러면

$$\Omega_{l_0}(x) = x - 2\langle x, N\rangle N$$

이 된다. 따라서

$$\Omega_l(x) - P = \Omega_{l_0}(x - P),$$

또는

$$\Omega_l(x) = \Omega_{l_0}(x - P) + P$$

임을 알 수 있다. 다시 말하면

$$\Omega_l = \tau_P \Omega_{l_0} \tau_{-P} \tag{2.6}$$

이다. 먼저 Ω_{l_0}에 대해 알아보고 식 (2.6)을 이용해 맨 처음 상황으로 돌아가 보자.

임의의 $x = (x_1, x_2) \in \mathbb{E}^2$에 대해

$$\langle x, N\rangle = -x_1 \sin\vartheta + x_2 \cos\vartheta$$

임을 상기하라. 따라서 벡터들을 열벡터로 쓰면

$$\begin{aligned}\Omega_{l_0}\begin{pmatrix} x_1 \\ x_2 \end{pmatrix} &= \begin{pmatrix} x_1 \\ x_2 \end{pmatrix} - 2(-2x_1\sin\vartheta + x_2\cos\vartheta)\begin{pmatrix} -\sin\vartheta \\ \cos\vartheta \end{pmatrix} \\ &= \begin{pmatrix} (1-2\sin^2\vartheta)x_1 + (2\sin\vartheta\cos\vartheta)x_2 \\ (2\sin\vartheta\cos\vartheta)x_1 + (1-2\cos^2\vartheta)x_2 \end{pmatrix} \\ &= \begin{pmatrix} \cos 2\vartheta & \sin 2\vartheta \\ \sin 2\vartheta & -\cos 2\vartheta \end{pmatrix}\begin{pmatrix} x_1 \\ x_2 \end{pmatrix}\end{aligned} \tag{2.7}$$

를 얻는다. 다시 말하면 $\Omega_{l_0}:\mathbb{R}^2\to\mathbb{R}^2$는 선형변환이다. 이것의 행렬을 기호 $\mathrm{ref}\,\vartheta$라 놓는다. 이 행렬은 방향벡터가 $(\cos\vartheta,\sin\vartheta)$이고 원점을 지나는 직선에 대한 반사변환이다 :

$$\mathrm{ref}\,\vartheta = \begin{pmatrix} \cos 2\vartheta & \sin 2\vartheta \\ \sin 2\vartheta & -\cos 2\vartheta \end{pmatrix}.$$

이 반사변환들의 행렬 대수를 살펴보자. 먼저 P를 지나는 다른 직선 m과 관련된 직선 m_0를 생각한다. 그러면 만약 $(\cos\varphi,\sin\varphi)$가 m의 방향벡터라면

$$\mathrm{ref}\,\vartheta\;\mathrm{ref}\,\varphi = \begin{pmatrix} \cos 2(\vartheta-\varphi) & -\sin 2(\vartheta-\varphi) \\ \sin 2(\vartheta-\varphi) & \cos 2(\vartheta-\varphi) \end{pmatrix}$$

이 된다.

특수기호 $\mathrm{rot}\,\vartheta$를 형태

$$\mathrm{rot}\,\vartheta = \begin{pmatrix} \cos\vartheta & -\sin\vartheta \\ \sin\vartheta & \cos\vartheta \end{pmatrix}$$

의 행렬로 놓는다. 이 선형변환은 표준 단위 기저 벡터 ε_1을 $v=(\cos\vartheta,\sin\vartheta)$로, ε_2를 $v^\perp=(-\sin\vartheta,\cos\vartheta)$로 옮기므로 $\mathrm{rot}\,\vartheta$를 양의 방향으로 ϑ 래디안만큼 회전시키는 것으로 생각하는 것이 타당하다. 그러나 각, 래디안, 또는 방향의 정의들이 아직 주어지지 않았음을 명심해야 한다. 이제 $\mathrm{rot}\,\vartheta$를 원점에 대한 회전으로 정의한다.

[**정의 2.7**] α와 β가 점 P를 지나는 직선이라면 등거리변환 $\Omega_\alpha\Omega_\beta$를 P에 관한 **회전변환**이라 부른다. (그림 2.20를 보라.) P가 무엇이 되든 P에 관한 회전변환이 항등

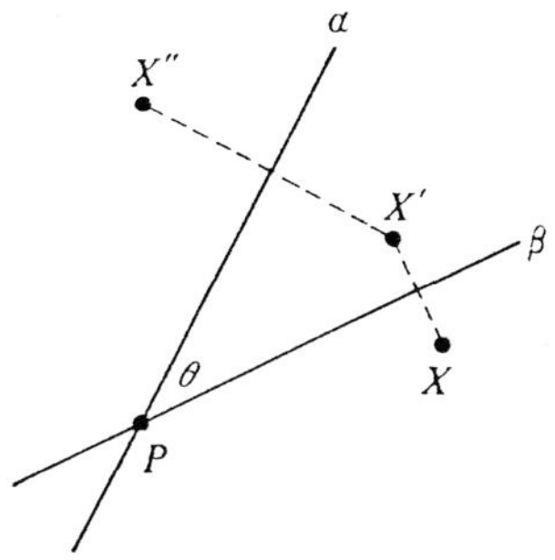

그림 2.20 $\Omega_\alpha\Omega_\beta$는 P에 관한 2ϑ만큼의 회전변환임.

변환이 되도록 $\alpha=\beta$인 특수한 경우도 허용한다. 회전변환이 항등변환이 아니면, 그것을 **자명하지 않은 회전변환**이라 한다. $\alpha\perp\beta$이면, 회전변환 $\Omega_\alpha\Omega_\beta$는 **반회전**이라 한다.

[**정리 2.23**] 원점에 관한 모든 회전변환들의 집합은 $\mathbf{SO(2)}$라 불리는 가환군이다.

증명 삼각항등식을 쓰면 항등식들

$$\begin{aligned}
\operatorname{rot}\vartheta\operatorname{rot}\varphi &= \operatorname{rot}(\vartheta+\varphi)=\operatorname{rot}(\varphi+\vartheta)=\operatorname{rot}\varphi\operatorname{rot}\vartheta,\\
\operatorname{rot}(0) &= I,\\
(\operatorname{rot}\vartheta)^{-1} &= \operatorname{rot}(-\vartheta)
\end{aligned}$$

가 됨을 알 수 있다. ◇

기호 $\mathbf{SO(2)}$는 $\mathbb{E}^2$의 **특수직교군**을 나타낸다.

[**정리 2.24**] i. $\operatorname{ref}\vartheta\operatorname{rot}\varphi=\operatorname{ref}\left(\vartheta-\dfrac{\varphi}{2}\right)$.

ii. $\operatorname{rot}\vartheta\operatorname{ref}\varphi=\operatorname{ref}\left(\varphi+\dfrac{\vartheta}{2}\right)$.

iii. $\operatorname{ref}\vartheta\operatorname{ref}\varphi\operatorname{ref}\psi=\operatorname{ref}(\vartheta-\varphi+\psi)$

증명 (i)

$$\begin{pmatrix} \cos 2\vartheta & \sin 2\vartheta \\ \sin 2\vartheta & -\cos 2\vartheta \end{pmatrix} \begin{pmatrix} \cos\varphi & -\sin\varphi \\ \sin\varphi & \cos\varphi \end{pmatrix} = \begin{pmatrix} \cos(2\vartheta-\varphi) & \sin(2\vartheta-\varphi) \\ \sin(2\vartheta-\varphi) & -\cos(2\vartheta-\varphi) \end{pmatrix}.$$

방정식 (ii)는 근본적으로 (i)의 역이다. 마지막으로 (i)을 적용하여 (iii)을 다음과 같이 밝힐 수 있다 :

$$\begin{aligned} \operatorname{ref}\vartheta \operatorname{ref}\varphi \operatorname{ref}\psi &= \operatorname{ref}\vartheta \operatorname{rot} 2(\varphi-\psi) \\ &= \operatorname{ref}(\vartheta-\varphi+\psi). \end{aligned}$$

◇

P를 점이라 하자. P를 지나는 모든 직선들의 집합 $\mathfrak{P}$를 P를 지나는 **직선의 속**이라 한다. $l \in \mathfrak{P}$일 때 모든 Ω_l을 포함하는 등거리변환의 최소군을 $\mathbf{REF}(\mathfrak{P}) = \mathbf{REF}(P)$로 놓는다.

이제 정리 2.20과 2.21의 공점선에 대한 유사정리를 증명할 수 있다.

[정리 2.25 (세 반사변환 정리)] α, β와 γ를 P를 지나는 세 직선이라 하자. 그러면

$$\Omega_\alpha \Omega_\beta \Omega_\gamma = \Omega_\delta$$

를 만족하는 P를 지나는 유일한 직선 δ가 존재한다.

증명 만약

$$\Omega_\alpha = \tau_P(\operatorname{ref}\vartheta)\tau_{-P}, \quad \Omega_\beta = \tau_P(\operatorname{ref}\varphi)\tau_{-P}$$

이고

$$\Omega_\gamma = \tau_P(\operatorname{ref}\psi)\tau_{-P}$$

라면

$$\Omega_\delta = \tau_P(\operatorname{ref}(\vartheta-\varphi+\psi))\tau_{-P}$$

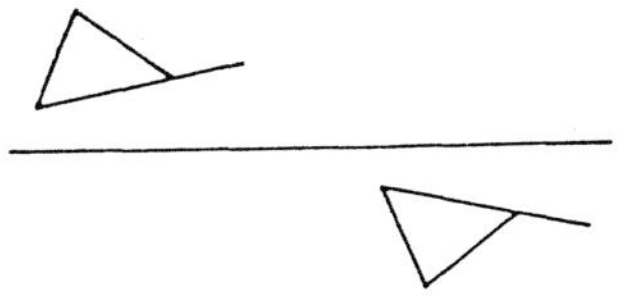

그림 2.21 축 l에 대한 미끄럼 반사변환에 의한 그림과 상

가 되도록 δ를 선택한다. 다시 말하면 δ는 P를 지나는 방향벡터

$$(\cos(\vartheta - \varphi + \psi), \sin(\vartheta - \varphi + \psi))$$

인 직선이다. ◇

[**정리 2.26 (회전변환에 대한 표현정리)**] P가 직선 α와 β의 교점중의 하나일 때 $T = \Omega_\alpha \Omega_\beta$를 점 P에 관한 회전변환이라 하고, l을 P를 지나는 직선이라 하자. 그러면

$$T = \Omega_l \Omega_m = \Omega_{m'} \Omega_l$$

을 만족하는 P를 지나는 유일한 직선 m과 m'이 존재한다.

증명 평행이동에 대한 증명과 비슷하다. ◇

미끄럼 반사변환

세 가지의 기본적인 등거리변환의 형태가 있다 : 반사변환, 평행이동과 회전변환. 네 번째 형태 **미끄럼 반사변환**을 거울에 대한 반사변환을 시행한 후 거울을 따라 평행이동을 한 것으로 정의한다(그림 2.21). 특히, $l = P + [v]$라면, l과 v에 의해 정의된 미끄럼 반사변환은, N이 l의 단위법선벡터 $\dfrac{v^\perp}{|v|}$이고 $x \in \mathbb{E}^2$일 때,

$$\tau_v \Omega_l x = x - 2\langle x - P, N \rangle N + v$$

로 주어진다. 또 $\langle v, v^\perp \rangle = 0$이므로

$$\begin{aligned} \Omega_l \tau_v x &= x + v - 2\langle x + v - P, N \rangle N \\ &= x + v - 2\langle x - P, N \rangle N \end{aligned}$$

이다. 따라서 반사변환과 평행이동은 미끄럼 반사변환을 교환가능하게 해준다. 모든 등거리변환은 네 형태 – 반사변환, 평행이동, 회전변환, 또는 미끄럼 반사변환 – 의 하나임을 후에 보일 것이다. $\tau_v = I$가 될 수 있으므로 각각의 반사변환은 또한 미끄럼 반사변환이다. 그러나, 이 형태의 미끄럼 반사변환들은 자명하다고 한다.

같은 속 (평행 또는 공점)의 세 개의 직선에 대한 반사변환의 곱에 관해 다루었었다. 이제 임의의 세 직선에 대한 반사변환들의 곱을 분석해 보자.

[**정리 2.27**] α, β와 γ를 공점이 아니고, 모두가 평행이 되지는 않는 서로 다른 직선이라 하자. 그러면 $\Omega_\alpha\Omega_\beta\Omega_\gamma$는 자명하지 않은 미끄럼 반사변환이다.

증명 먼저 α와 β가 P에서 만난다고 가정하자. l을 P를 지나 γ에 수직인 직선이라 하자. F를 l과 γ의 교점이라 놓자. 회전변환에 대한 표현정리를 이용해

$$\Omega_\alpha\Omega_\beta = \Omega_m\Omega_l \quad \text{이고} \quad \Omega_\alpha\Omega_\beta\Omega_\gamma = \Omega_m\Omega_l\Omega_\gamma$$

가 되는 P를 지나는 직선 m이 있음을 안다.

n을 m에 수직이고 F를 지나는 직선이라 하고, n'을 n에 수직이고 F를 지나는 직선이라 하자. 이제

$$\Omega_l\Omega_\gamma = \Omega_{n'}\Omega_n = H_F$$

는 F에 관한 반회전이다. 결과적으로

$$\Omega_\alpha\Omega_\beta\Omega_\gamma = \Omega_m\Omega_{n'}\Omega_n$$

이다. $\Omega_m\Omega_{n'}$은 n을 따른 평행이동임에 유의하라. F가 m위에 있지 않으므로 n'과 m은 서로 다르다. 따라서 $\Omega_\alpha\Omega_\beta\Omega_\gamma$는 자명하지 않은 미끄럼 반사변환이다. 만약 α와 β가 만나지 않지만 β와 γ가 만난다면 같은 논리를 $\Omega_\gamma\Omega_\beta\Omega_\alpha = (\Omega_\alpha\Omega_\beta\Omega_\gamma)^{-1}$에 적용하라. 만약 $\Omega_\gamma\Omega_\beta\Omega_\alpha = \tau_v\Omega_l$을 유도했다면 $\Omega_\alpha\Omega_\beta\Omega_\gamma = (\tau_v\Omega_l)^{-1} = \Omega_l\tau_{-v} = \tau_{-v}\Omega_l$도 역시 자명하지 않은 미끄럼 반사변환이다. ◇

[**정리 2.28**] T를 미끄럼 반사변환이라 하고 Ω_α를 임의의 반사변환이라 하자. 그러면 $\Omega_\alpha T$는 평행이동이거나 회전변환이다.

증명 l을 미끄럼 반사변환 T의 축이라 하자. 두 가지 경우가 있다.

경우 1. l과 α가 만날 때 : P를 교점이라 하자. 평행이동에 대한 표현정리에 의해 q가 P를 지나고 q와 r이 l에 수직일 때 $T = \Omega_l\Omega_q\Omega_r$이라 쓸 수 있다. 그러면

$$\Omega_\alpha T = \Omega_\alpha\Omega_l\Omega_q\Omega_r$$

이다. 그러나 이제 α, l과 q가 모두 P를 지난다. 세 반사변환정리에 의해

$$\Omega_\alpha T = \Omega_s\Omega_r$$

을 만족하는 P를 지나는 직선 s가 존재한다. 따라서 $\Omega_\alpha T$는 평행이동이거나 회전변환이다.

경우 2. $l \parallel \alpha$일 때 : 그러면

$$\Omega_\alpha T = \Omega_\alpha\Omega_l\Omega_q\Omega_r = \Omega_\alpha\Omega_q\Omega_l\Omega_r$$

이다. $r \perp l$이고 $\alpha \perp q$임을 유의하면 $\Omega_\alpha\Omega_q$와 $\Omega_l\Omega_r$은 서로 다른 반회전임을 알 수 있다. 연습문제 19에 의해 $\Omega_\alpha T$는 평행이동이다. ◇

[**정의 2.8**] 유한 개의 반사변환들의 곱으로 이루어진 등거리변환을 **합동변환(강체운동)**이라 한다.

[**정리 2.29**] 모든 합동변환은 둘 또는 세 개의 적당하게 선택된 반사변환들의 곱이다.

증명 반사변환들의 수열이 주어졌다고 하자. 만약 수열의 길이가 3보다 크다면 수열의 임의의 네 개의 연속되는 원소들을 선택한다. 정리 2.27과 정리 2.28 또는 세 반사변환정리중의 하나를 적용하여 이 네 반사변환들의 곱을 둘의 곱으로 쓸 수 있다. 이 과정을 네 반사변환보다 적은 수가 남을 때까지 계속할 수 있다. ◇

[**따름정리 2.5**] 합동변환군은 모든 평행이동, 회전변환, 반사변환과 미끄럼 반사변환들로 이루어져 있다.

등거리변환군의 구조

이 절에서의 주 정리는 다음과 같다.

[**정리 2.30**] $\mathbb{E}^2$의 모든 등거리변환은 합동변환이다.

증명 T를 임의의 등거리변환이라 하자. 몇 가지 경우를 생각한다.
경우 1 : $T(0) = 0$. 이 경우에는 다음 보조정리에서 어떤 ϑ의 값에 대해 $T = \operatorname{rot}\vartheta$ 또는 $\operatorname{ref}\vartheta$임을 보인다.
경우 2: 어떤 점 P에 대해 $T(P) = P$. 그러면 $\tau_{-P}T\tau_P$는 0을 고정하는 등거리변환이고 따라서 경우 1에 의해 $T = \tau_{-P}(\operatorname{rot}\vartheta)\tau_P$ 또는 $T = \tau_P(\operatorname{ref}\vartheta)\tau_{-P}$이다. 어느 경우건 T는 합동변환이다.
경우 3 : T가 고정점을 갖지 않는다. $P = T(0)$이라 하자. 그러면 $\tau_{-P} \circ T$는 0을 고정하고, 따라서 $\operatorname{rot}\vartheta$ 또는 $\operatorname{ref}\vartheta$이다. 어느 경우이건 $T = \tau_P(\operatorname{rot}\vartheta)$ 또는 $T = \tau_P(\operatorname{ref}\vartheta)$이고 따라서 T는 합동변환이다. ◇

이제 경우 1에 언급한 보조정리를 증명한다. 등거리변환의 개념은 거리에만 의존하지만 보조정리에 의하면 원점을 고정하는 등거리변환은 특별히 훌륭한 대수적 형태를 유지한다 - 그것은 선형변환이어야 한다.

[**보조정리 2.1**] T가 $T(0) = 0$을 만족하는 등거리변환이라면, 모든 $x, y \in \mathbb{E}^2$에 대해,

i. $\langle Tx, Ty\rangle = \langle x, y\rangle$.

ii. 적당한 ϑ에 대해 $T = \operatorname{rot}\vartheta$, 또는 $T = \operatorname{ref}\vartheta$이다.

증명 i. 극화항등식 (polarization identity : 연습문제 21)에 의해

$$\begin{aligned}\langle x, y\rangle &= \frac{1}{2}(|x|^2 + |y|^2 - |x-y|^2),\\ \langle Tx, Ty\rangle &= \frac{1}{2}(|Tx|^2 + |Ty|^2 - |Tx-Ty|^2)\end{aligned}$$

이 된다. 이제

$$|Tx| = d(0, Tx) = d(T(0), Tx) = d(0, x) = |x|$$

이고 비슷하게

$$|Ty| = |y|.$$

또

$$|Tx - Ty| = d(Tx, Ty) = d(x, y) = |x - y|$$

이다.

(ii) $\varepsilon_1 = (1,0)$이고 $\varepsilon_2 = (0,1)$이라 하자. 만약 $x = x_1\varepsilon_1 + x_2\varepsilon_2$라면, $\{T\varepsilon_1, T\varepsilon_2\}$는 $\mathbb{E}^2$에 대한 정규직교기저이다. 따라서

$$Tx = \langle Tx, T\varepsilon_1\rangle T\varepsilon_1 + \langle Tx, T\varepsilon_2\rangle T\varepsilon_2$$

이다. (i)의 결과를 이용해

$$Tx = \langle x, \varepsilon_1\rangle T\varepsilon_1 + \langle x, \varepsilon_2\rangle T\varepsilon_2 = x_1 T\varepsilon_1 + x_2 T\varepsilon_2$$

를 얻는다. $T\varepsilon_1$은 단위벡터이다.

$$T\varepsilon_1 = \lambda_1\varepsilon_1 + \lambda_2\varepsilon_2$$

로 쓰면 정리 1.11과 Cauchy-Schwarz 부등식에 의해

$$|\lambda_1| = |\langle T\varepsilon_1, \varepsilon_1\rangle| \le |T\varepsilon_1||\varepsilon_1| = 1$$

임을 알 수 있다. 비슷하게

$$|\lambda_2| \le 1 \qquad \text{이고} \quad |T\varepsilon_1|^2 = \lambda_1^2 + \lambda_2^2$$

이므로

$$\lambda_1^2 + \lambda_2^2 = 1$$

이다. 회전변환에 대한 논의에서처럼 $\lambda_1 = \cos\vartheta$이고 $\lambda_2 = \sin\vartheta$인 유일한 $\vartheta \in (-\pi, \pi]$가 존재한다. 이제

$$\langle T\varepsilon_2, T\varepsilon_1\rangle = \langle \varepsilon_2, \varepsilon_1\rangle = 0$$

이고, 따라서

$$T\varepsilon_2 = \pm(T\varepsilon_1)^\perp$$

이다. 다시 말하면

$$T\varepsilon_2 = \pm((-\sin\vartheta)\varepsilon_1 + (\cos\vartheta)\varepsilon_2)$$

이다. 이것을 행렬로 나타내면 모든 $x \in \mathbb{E}^2$에 대해

$$Tx = \begin{pmatrix} \cos\vartheta & -\sin\vartheta \\ \sin\vartheta & \cos\vartheta \end{pmatrix} \begin{pmatrix} x_1 \\ x_2 \end{pmatrix} = (\operatorname{rot}\vartheta)x$$

또는

$$Tx = \begin{pmatrix} \cos\vartheta & \sin\vartheta \\ \sin\vartheta & -\cos\vartheta \end{pmatrix} \begin{pmatrix} x_1 \\ x_2 \end{pmatrix} = \left(\operatorname{ref}\frac{\vartheta}{2}\right) x$$

을 얻는다. ◇

등거리변환들의 고정점과 불변선

[**정리 2.31**] i. 자명하지 않은 평행이동은 고정점을 갖지 않는다.

ii. 자명하지 않은 회전변환은 회전의 중심을 유일한 고정점으로 갖는다.

iii. 반사변환은 고정점들의 직선, 즉 반사변환의 축을 갖는다.

iv. 자명하지 않은 미끄럼 반사변환은 고정점을 갖지 않는다.

v. 항등변환은 평면을 고정점으로 갖는다.

증명 T가 고정점을 갖지 않는 등거리변환이라 하자. 앞의 절에서 보았듯이 적당한 P와 ϑ에 대해 $T = \tau_P \operatorname{rot}\vartheta$ 또는 $T = \tau_P \operatorname{ref}\vartheta$이다. 첫 번째의 경우 모든 x에 대해

$$Tx = (\operatorname{rot}\vartheta)x + P$$

이므로 $Tx = x$일 필요충분조건은 $(I - \operatorname{rot}\vartheta)x = P$이다. 그러나

$$\begin{aligned} \det(I - \operatorname{rot}\vartheta) &= (1-\cos\vartheta)^2 + \sin^2\vartheta \\ &= 2 - 2\cos\vartheta = 4\sin^2\frac{\vartheta}{2} \end{aligned}$$

이다. $\sin^2\dfrac{\vartheta}{2} = 0$일 필요충분조건은 $\operatorname{rot}\vartheta = I$이다. 따라서 $\operatorname{rot}\vartheta = I$가 아니면 방정식 $(I - \operatorname{rot}\vartheta)x = P$는 해를 갖는다. 그러므로 T는 고정점을 갖는다. T가 고정점을 갖지 못하므로 $\operatorname{rot}\vartheta = I$이고 $T = \tau_P$이다. 물론 역으로 자명하지 않은 평행이동은 고정점을 갖지 않는다.

두 번째 경우를 보자. 이 때 $T = \tau_P(\operatorname{ref}\vartheta)$이다. T는 세 개의 반사변환들의 곱임을 주목하라. 정리 2.27을 이용하면 T는 자명하지 않은 미끄럼 반사변환임을 안다. 역으

로 자명하지 않은 미끄럼 반사변환은 고정점을 갖지 않을 수 있다. 만약 $l = P + [v]$일 때 $\Omega_l \tau_v$가 미끄럼 반사변환이고

$$x = \Omega_l(x+v) = x + v - 2\langle x+v-P, N\rangle N$$

이라면, $\langle v, N\rangle = 0$이므로

$$v = 2\langle x - P, N\rangle N$$

이다. 그러나 이는

$$\langle v, N\rangle = 2\langle x-P, N\rangle\langle N, N\rangle = 0$$

을 유도하고 따라서 $v = 0$이다.

그러므로 합동변환이 고정점을 갖기 않기 위한 필요충분조건은 그것이 자명하지 않은 평행이동이거나 미끄럼 반사변환인 것이다. 특히, 명제 (i)과 (iv)가 성립한다.

T를 꼭 하나의 고정점 P를 갖는 합동변환이라 하자. 정리 2.30의 경우 2로부터 T는 P에 관한 회전변환이거나 P를 지나는 직선에 대한 반사변환이다. 정리 2.15에 의해 반사변환의 고정점 집합은 반사변환 자신의 축으로 이루어져 있다. 따라서 T는 회전변환이어야만 한다. 역으로 자명하지 않은 회전변환은 꼭 한 개의 고정점을 갖는다. 만약

$$T = \tau_P(\operatorname{rot}\vartheta)\tau_{-P}$$

이면 x가 고정점이기 위한 필요충분조건은

$$x = P + (\operatorname{rot}\vartheta)(x-P),$$

즉

$$(I - \operatorname{rot}\vartheta)(x-P) = 0$$

이다. 다시 $\det(I - \operatorname{rot}\vartheta) \neq 0$이므로 단 하나의 가능성은 $x - P = 0$이다 ; 즉, $x = P$이다. 따라서 합동변환이 정확히 하나의 고정점을 가질 필요충분조건은 그것이 자명하지 않은 회전변환인 것이다. 이로써 (ii)의 증명이 끝난다.

명제 (iii)은 단지 정리 2.15이고, 명제 (v)는 자명하게 성립한다. 이로써 모든 증명이 끝났다. ◇

[**따름정리 2.6**] 등거리변환의 고정점은 다음 중의 하나이다.

i. 점 (회전변환).

ii. 직선 (반사변환).

iii. 공집합 (평행이동 또는 미끄럼 반사변환).

iv. 전 평면 $\mathbb{E}^2$ (항등변환).

l이 임의의 직선이고 T가 등거리변환이라면, 3 장에서 보겠지만 Tl은 직선이다. 등거리변환은 직선들의 집합 $\mathfrak{L}$에서 $\mathfrak{L}$위로 보내는 전단사 변환 $T : \mathfrak{L} \to \mathfrak{L}$을 유도한다. 만약 l이 $Tl = l$을 만족하는 직선이라면 l을 T의 **불변선**이라 한다. $\mathbb{E}^2$의 등거리변환을 그것들의 불변선에 의해 분류하는 것이 유용하다.

[정리 2.32] i. 직선 l을 따른 자명하지 않은 평행이동은 평행속을 그것의 불변선으로 가진다. 이 속은 l에 평행인 모든 직선들로 이루어진다.

ii. C에 중심을 둔 반회전은 C를 지나는 직선들의 속을 그것들의 불변선들의 집합으로 갖는다. 반회전이 아닌 자명하지 않은 회전변환은 불변선을 가지지 않는다.

iii. 반사변환 Ω_m은 직선 m과 그것의 공통 수선의 속을 반사변환의 불변선으로 갖는다.

iv. 자명하지 않은 미끄럼 반사변환은 정확히 한 개의 불변선 – 변환의 축 – 을 갖는다.

v. 항등변환은 모든 직선을 고정한다.

특수한 등거리변환의 효과를 이해하고자 할 때, 그것의 고정점과 불변선의 결정은 적절한 시작점이다. 이 개념과 기술은 더 넓은 문맥에 적용되고 나중의 장들에서 더 다루어질 것이다.

정리 2.32의 증명은 더 편리한 대수적 방법을 전개할 때까지 보류하겠다.

연습문제

1. 반사변환은 각을 보존함을 증명하라.

2. P와 v가 유일한 직선 l을 결정할 지라도 l은 P와 $[v]$를 유일하게 결정하지 못함을 증명하라.

3. $l = P + [v] = Q + [w]$라면 P, Q, v와 w가 어떻게 관계되어 있는가 ?

4. $0 < t < 1$이고 $X = (1-t)P + tQ$라면

$$\frac{d(P,X)}{d(X,Q)} = \frac{|P-X|}{|X-Q|} = \frac{t|P-Q|}{(1-t)|P-Q|} = \frac{t}{1-t}$$

임을 보여라. 이것을 이용해 선분 PQ를 $r : s$로 나누는 점 X를 찾아라. $r = 2, s = 3, P = (-3, 5), Q = (8, 4)$를 이용해 예증하라.

5. i. 직선 $2x + 3y + 10 = 0$ $(x, y \in \mathbb{E}^2)$의 모든 단위 법선벡터를 찾아라.

   ii. 같은 직선의 모든 단위 방향벡터를 구하라.

   iii. $P = (4, 5)$이고 $v = \left(\frac{2}{3}, \frac{1}{2}\right)$일 때 직선 $P+[v]$의 방정식을 $ax+by+c = 0$의 꼴로 나타내라.

6. $v = (v_1, v_2)$가 직선 l의 방향벡터일 때 수 $\alpha = \frac{v_2}{v_1}$은 $v \neq 0$이기만 하면 l의 기울기라 한다.

   i. 기울기의 개념은 잘 정의되어 있음을 보여라.

   ii. l이 기울기 α인 직선이면 벡터 $(1, \alpha)$가 l의 방향벡터임을 보여라.

   iii. $\mathbb{E}^2$에서 $P = (x_1, y_1)$을 지나고 기울기가 α인 직선의 방정식은

$$y - y_1 = \alpha(x - x_1)$$

   임을 보여라.

7. $d(X, l)$은 l위의 P의 선택과 단위 법선벡터 N에 의존하는 듯이 보인다. 만약 N'이 l의 또 다른 단위 법선벡터이고 P'이 l위의 또 다른 점이라면

$$|\langle X - P, N\rangle| = |\langle X - P', N'\rangle|$$

임을 보여라.

8. $P+[v]$와 $Q+[w]$를 교차하는 두 직선이라 하자. D를 첫번째 행이 v이고 두 번째 행이 w인 행렬이라 하자. $P+tv=Q+sw$가 교점이라면 $(t,s)=(P-Q)D^{-1}$임을 보여라. 여기서 (t,s)와 $P-Q$는 1×2 행렬로 생각한다. 이 방법을 이용해 $P=(1,5), Q=(3,7), v=(8,1), w=(6,2)$인 경우 교점을 구하라.

9. 정리 2.11 - 2.13을 증명하라.

10. l과 m은 평행하는 두 직선이라 하자.

$$n=\left\{\frac{1}{2}(X+Y)\,|\,X\in l \quad \text{이고} \quad Y\in n\right\}$$

이라 하자. n이 l과 m에 평행인 직선이고 그 둘의 중간에 놓여 있음을 증명하라. 다시 말하면 $d(m,n)=d(l,n)$임을 증명하라.

11. Ω_l의 정의는 P와 N에 의존하는 듯이 보인다. 만약 P'이 l위의 다른 점이고 N'이 l의 임의의 법선벡터라 하면, 모든 점 X에 대해

$$\langle X-P,N\rangle N=\langle X-P',N'\rangle N'$$

이 됨을 보여라. (문제 7과 비교해 보라.)

12. 정리 2.17을 증명하라.

13. 정리 2.22와 따름정리 2.4에 있는 명제를 증명하라.

14. i. 복소수를 이용해 반사변환을 표현하라.

    ll. 복소수를 이용해 회전변환을 표현하라.

15. $l=P+[v]$를 직선이라 하자. $m=Q+[v]$라 하자. 만약 $|v|=1$이면

$$w=2\langle P-Q,v^{\perp}\rangle v^{\perp}$$

일 때

$$\Omega_l\Omega_m=\tau_w$$

이고

$$\Omega_m\Omega_l=\tau_{-w}$$

임을 증명하라.

16. τ_w를 평행이동이라 하자. $l = P + [w^\perp]$이라면

$$\Omega_l \Omega_m = \Omega_{m'} \Omega_l = \tau_w$$

임을 보여라.

17. 항등변환은 두 개의 서로 다른 점에 관한 회전변환으로 표현될 수 있는 유일한 회전변환임을 증명하라.

18. i. 두 개의 서로 다른 반사변환 Ω_l과 Ω_m이 교환가능하기 위한 필요충분조건은 $m \perp l$인 것이다.

    ii. P를 임의의 점이라 하자. P에 관한 반회전은 모든 $x \in \mathbb{E}^2$에 대해

    $$H_P(x) = -x + 2P$$

    로 주어짐을 증명하라.

    iii. 두 개의 서로 다른 반회전의 곱은 그들의 중심을 잇는 직선을 따르는 평행이동임을 증명하라.

19. H_1, H_2와 H_3가 반회전이라면

$$H_1 H_2 H_3 = H_3 H_2 H_1$$

임을 보여라.

20. 축이 평행인 두 개의 미끄럼 반사변환의 곱을 묘사하라.

21. 극화항등식

$$\langle x, y \rangle = \frac{1}{2}(|x|^2 + |y|^2 - |x - y|^2)$$

은 내적을 길이에 의해 표현할 수 있도록 한다. 이것을 증명하라.

22. 행렬 $\operatorname{rot}\vartheta$가 0이 아닌 고유값을 갖기 위한 필요충분조건은 $\operatorname{rot}\vartheta = \pm I$인 것이다.

23. α가 $\alpha^n = I$인 등거리변환이라 하자. 만약 n이 홀수 정수라면 α에 대해 무슨 말을 할 수 있겠는가? 설명하라.

24. l, m과 n이 같은 속의 직선이라면 $\Omega_l\Omega_m\Omega_n = \Omega_n\Omega_m\Omega_l$임을 증명하라.

25. ϱ를 중심이 P인 회전변환이라 하자. v를 벡터라 하자. $\tau_v\varrho$는 회전변환임을 보여라. 준 자료에 의해 그것의 중심을 찾아라.

26. P, Q, R과 S를 어느 세 점도 공선점이 아닌 네 점이라 하자. A, B, C와 D를 각각 선분 PQ, QR, RS와 SP의 중점이라 하자. $\overleftrightarrow{AB} \| \overleftrightarrow{CD}$이고 $\overleftrightarrow{AD} \| \overleftrightarrow{BC}$임을 보여라.

27. $(-2, 6)$과 $(4, 8)$을 잇는 선분의 수직 이등분선을 찾아라.

28. 모든 등거리변환은 직선을 직선으로 보냄을 증명하라.

29. 원점을 고정하는 등거리변환은 선형변환임을 증명하라.

30. 등거리변환은 각을 보존함을 증명하라.

31. 다음을 증명하라.

    i. 서로 다른 두 점에서 일치하는 등거리변환은 그 두 점을 잇는 선분위의 모든 점에서 일치한다.

    ii. 일직선위에 있지 않는 서로 다른 세 점에서 일치하는 두 개의 등거리변환은 모든 점에서 일치한다. 따라서 일직선위에 있지 않는 세 점을 고정하는 등거리변환은 항등사상이다.

32. 등거리변환은 공선성을 보존함을 증명하라.

제 3 장 아핀기하학

2 장에서 기하학의 두 가지 기본적인 관점을 논의했었다. 즉, 공선성의 개념에 근간을 둔 결합적 관점과 거리 개념에 바탕을 둔 계량 (거리)적 관점이다. 등거리변환들은 이 특징을 반영하는 변환들이다.

아핀기하학은 결합적 성질에 의존하고 직교성이나 거리에는 의존하지 않는 벡터공간에 관한 사실들로 이루어져 있다. 0.1절에서 지적했지만, 아핀기하학은 Euclid 공준 중 I, II와 IV만 만족하는 기하학이다. 아핀기하학이 그 자체로서 관심이 있긴 하지만 여기서 우리는 그림의 합동과 대칭의 문제를 푸는데 도움이 되는 그러한 관점들에 주의를 집중하겠다. 즉, 변환들의 공간을 거리를 반드시 보존하지는 않지만 결합성을 반영하는 것을 포함하는 것까지로 확장하고자 한다. 이 장에서의 모든 사실들은 n 차원 벡터공간상에서 성립한다. 그러나 우리들의 관심은 주로 2 차원에 집중된다. 따라서 특별한 언급이 없는 한 2 차원임을 기억하라.

3.1 아핀공간

논리의 일탈을 막고 연속성을 유지하기 위해 벡터공간을 이용해 아핀공간을 정의해 보자. 아핀공간의 점과 벡터공간의 벡터 사이의 관계를 다음과 같이 정의한다.

[**정의 3.1**] n 차원 벡터공간 V에 대해 다음 세 조건을 만족하는 점 $P, Q, R, \cdots$의 집합 A를 n 차원 **아핀공간**이라 하고, V를 A의 **기준벡터공간**이라 한다.

(i) $P, Q \in \mathrm{A}$에 대해 $\overrightarrow{PQ} = v$인 벡터 $v \in V$가 유일하게 존재한다.

(ii) $P \in \mathrm{A}$, $v \in V$에 대해, $\overrightarrow{PQ} = v$인 점 $Q \in \mathrm{A}$가 유일하게 존재한다.

(iii) 임의의 $P, Q, R \in \mathrm{A}$에 대해 $\overrightarrow{PQ} + \overrightarrow{QR} = PR$이 성립한다.

$n = 2$인 경우, (ii)를 아핀평면의 **평행선공리**라 한다.

참고 (1) 벡터 공간 V에서는 벡터의 내적이 정의되지 않으므로, 이것에 대응되는 아핀공간에서도 거리와 각의 개념은 존재하지 않는다.
(2) Euclid 공간 $\mathbb{R}^n$은 위의 공리를 만족하므로 아핀공간이다.

[**정의 3.2**] 아핀공간 A의 $k+1$ 개의 점 $P_0, P_1, \cdots, P_k$에 대응하는 V안의 k 개의 벡터 $\overrightarrow{P_0P_1}, \overrightarrow{P_0P_2}, \cdots, \overrightarrow{P_0P_k}$가 일차독립(일차종속)일 때, 점의 집합 $\{P_0, P_1, \cdots, P_k\}$는 **일차독립(일차종속)**이라 한다. 일차독립인 점의 집합 $\{P_0, P_1, \cdots, P_k\}$는 **일반의 위치**에 있다고 한다.

[**정리 3.1**] A의 점의 집합 $\{P_0, P_1, \cdots, P_k\}$의 일차독립 또는 일차종속성은 벡터의 시점의 선택에 무관하다.

증명 만약 벡터들 $\overrightarrow{P_0P_1}, \overrightarrow{P_0P_2}, \cdots, \overrightarrow{P_0P_k}$가 일차독립이라면, 벡터들 $\overrightarrow{P_iP_0}, \cdots, \overrightarrow{P_iP_{i-1}}$, $\overrightarrow{P_iP_{i+1}}, \cdots, \overrightarrow{P_iP_k}$도 일차독립임을 보이면 된다 $(i \neq 0)$.

$\overrightarrow{P_0P_i} = v_i \, (i = 1, 2, \cdots, k)$라 하면, $\overrightarrow{P_iP_0} = -v_i$, $\overrightarrow{P_iP_j} = v_j - v_i \, (i \neq j)$임을 알고, 원 벡터들의 일차독립성을 이용하면 문제의 벡터들이 일차독립임을 밝힐 수 있다. ◇

위의 성질에 의하면 아핀공간의 차원은 벡터공간의 차원에 의해 결정됨을 알 수 있다. 즉, A가 n 차원이라는 것은

1. 공간 A의 임의의 $n+2$ 개의 점은 항상 일차종속이고,

2. 공간 A에는 일차독립인 $n+1$ 개의 점이 존재함을 말한다.

아핀공간 A의 임의의 점 P에 대해, 이것의 기준벡터공간 V안에 유일한 벡터 v가 대응되고, v는 적당한 기저에 의한 좌표로 유일하게 표현될 수 있으므로, A의 좌표계는 V의 좌표계와 동일하게 정의한다.

1 차원의 아핀공간을 직선, 2 차원의 아핀공간을 평면이라 한다. 앞에서도 이야기 했지만 우리는 여기서 주로 2 차원의 경우를 다루겠다. 위의 참고 (2)에 의하면 $\mathbb{R}^n$이 아핀공간이므로 $\mathbb{R}^2$ 와 $\mathbb{E}^2$의 경우를 살펴 보게 될 것이다.

3.2 변환들

아핀공간에서의 변환들은 그것의 기준벡터공간상에서의 변환에 의해 나타내 진다. 여기서는 Euclid 공간상의 그것들에 대해 주로 살펴 본다. 따라서 특별한 언급이 없으면 점, 선, 벡터, 거리등은 Euclid 공간 (또는 평면)상에서 정의된 것들이다.

아핀변환

[**정의 3.3**] **공선사상**은 공선성을 보존하는 전단사 사상 $T:\mathbb{R}^n \to \mathbb{R}^n$이다. 즉, P, Q와 R이 공선점이기 위한 필요충분조건은 TP, TQ와 TR이 공선점인 것이다.

이 사상은 기하학적 성향으로 인해 매력적이지만 구체적인 계산방법을 제공해 주지는 못한다. 대수적인 형태를 살펴 보자.

[**정의 3.4**] 변환 $T:\mathbb{R}^n \to \mathbb{R}^n$가 모든 $x \in \mathbb{R}^n$에 대해

$$Tx = Ax + b$$

를 만족하는 $n \times n$ 가역행렬 A와 벡터 $b \in \mathbb{R}^n$가 존재하면 T를 **아핀변환**이라 부른다.

참고 정리 2.30에 따라 모든 등거리변환은 아핀변환이다.

참고 정의에서 언급한 행렬 A와 벡터 b는 T에 의해 유일하게 결정된다. 실제로 $b = T(0)$와 A의 열들은 벡터 $T\varepsilon_i - b \quad (i = 1, 2)$들이다. A를 T의 **선형부분**이라 하고 b는 T의 **평행이동부분**이라 한다.

[**정리 3.2**] 모든 아핀변환은 공선사상이다.

증명 다음의 항등식은 아핀변환이 전사사상임을 바로 보여준다 :

$$A(A^{-1}(x - b)) + b = x.$$

한편, $Ax + b = A\tilde{x} + b$라면 $A(x - \tilde{x}) = 0$이다. A는 가역행렬이므로 $x = \tilde{x}$이어야만 한다. 따라서 아핀변환은 단사이다.

마지막으로, 임의의 점 P, Q와 임의의 아핀변환 T에 관해, 모든 실수 t에 대해,

$$T((1 - t)P + tQ) = (1 - t)TP + tTQ \tag{3.1}$$

임을 밝히는 것은 쉽다. 따라서, 만약 R이 P, Q와 공선점이라면, TR은 TP, TQ와 공선점이다. 역으로 만약 R'이 TP, TQ와 공선상의 점이라면 T가 전사사상이므로 $TR = R'$이 되는 유일한 점 R이 존재한다. 그러나 적당한 수 t에 대해

$$TR = (1-t)TP + tTQ \tag{3.2}$$

임을 안다. T가 단사사상이므로 식 (3.1)과 (3.2)는

$$R = (1-t)P + tQ$$

를 유도하고 R은 P, Q와 공선점이다. ◇

[따름정리 3.1] 모든 등거리변환은 공선사상이다.

[정리 3.3] 모든 공선사상은 아핀변환이다.

정리 3.3의 증명은 너무 기술적이라 여기서 다루기는 어렵고, 대신 연습문제에서 단계적으로 다루었다. 여럿이 토의해 보면 좋을듯 하다. 정리 3.2와 정리 3.3에 의해 이제부터는 '**공선사상**'과 '**아핀변환**'을 동의어로 생각하겠다.

불변선

T가 아핀변환이고 l이 직선이면 Tl은 직선이다. 이제 직선의 아핀변환에 의한 상을 관찰해 보자.

[정리 3.4] T를 아핀변환이라 하고 $l = P + [v]$를 직선이라 하자. 그러면 Tl은 A가 T의 선형부분이라 할 때 직선 $TP + [Av]$이다.

증명 b를 T의 평행이동부분이라 하자. 실수 t에 대해

$$T(P + tv) = A(P + tv) + b = TP + tAv$$

이다. 이 방정식으로부터 Tl의 모든 점들은 $TP + [Av]$위에 놓여 있고, 그 역도 성립함을 알 수 있다. 실제로 $Av \neq 0$이므로 Tl은 직선임을 유의하라. ◇

[따름정리 3.2] T를 선형부분이 A이고 평행이동부분이 b인 아핀변환이라 하자. 직선 $P + [v]$가 불변선일 필요충분조건은 v가 A의 고유벡터이고 $(A - I)P + b \in [v]$인 것이다.

[정리 3.5] i. 아핀변환의 두 불변선이 교차한다면 그것은 고정점에서이다.

ii. 아핀변환의 두 불변선이 평행이면 이 두 직선을 포함하는 선속에 있는 모든 직선은 불변선다.

iii. 아핀변환은 직선들의 평행성을 보존한다.

이 정리의 증명은 연습으로 남긴다 (문제 3). 이제 정리 2.32를 증명할 수 있게 되었다.

증명 (**정리 2.32**) $l = P + [v]$를 직선이라 하고, T를 선형부분이 A이고 평행이동 부분이 b인 아핀변환이라 하자.

경우 1 : T를 자명하지 않은 평행이동이라 놓으면 $A = I$이고 $b \neq 0$이다. 그러면 v는 자동적으로 A의 고유벡터이고, l이 불변선이기 위한 필요충분조건은 $b \in [v]$인 것이다. 따라서 T의 불변선들은 방향 $[b]$인 직선들이다.

경우 2 : T가 점 C에 관한 반회전이라면, 연습문제 2.18로부터 $A = -I$이고 $b = 2C$이다. 다시, v는 자동적으로 고유벡터이고, l이 불변선이기 위한 필요충분조건은 $-2P + 2C \in [v]$인 것이다 : 즉, $C \in P + [v]$인 것이다. 따라서 T의 불변선들은 C를 지나는 직선들이다.

이제 $A = \text{rot}\,\vartheta \neq \pm I$인 회전변환의 경우를 생각하자. 그러면 A는 0이 아닌 고유벡터를 갖지 못한다 (문제 2.22) ; 따라서 T는 불변선을 갖지 못한다.

경우 3 : T는 축이 m인 반사변환이다. 분명히 m은 불변선이다. 더욱이 $m = Q + [w]$ $(|w| = 1)$이면, 모든 실수 t에 대해

$$\Omega_m(Q + tw^{\perp}) = Q + tw^{\perp} - 2\langle tw^{\perp}, w^{\perp}\rangle w^{\perp} = Q - tw^{\perp}$$

이 성립한다. 따라서 $Q + [w^{\perp}]$는 불변선이다. 다시 말하면 Ω_m은 m에 수직인 모든 직선을 고정한다. 정리 3.5 (i)에 의해 m에 수직이 아닌 불변선은 m에 수직인 것들의 속과 고정점에서 만나야 한다. Ω_m이 m 이외의 어떤 직선위에서도 고정점을 갖지 않으므로 (정리 2.15) Ω_m은 더 이상의 불변선을 가질 수 없다.

경우 4 : $T = \Omega_m \tau_{kw}$는 단위 방향벡터 w인 직선 m에 관한 반사변환과 w의 배수에 의한 평행이동으로 이루어진 미끄럼 반사변환이다. 그러면 실수 t에 대해,

$$T(Q + tw) = \Omega_m(Q + tw + kw) = Q + (t + k)w - 2\langle (t + k)w, w^{\perp}\rangle w^{\perp}$$

$$= Q + (t+k)w$$

이다. 따라서 직선 m은 불변선이다.

T가 고정점을 갖지 않으므로 다른 불변선은 m에 평행이어야만 한다. $l = Q + sw^\perp + [w]$를 m에 평행인 대표적인 직선이라 하자. 그러면

$$\begin{aligned} T(Q + sw^\perp + tw) &= \Omega_m(Q + sw^\perp + (t+k)w) \\ &= Q + sw^\perp + (t+k)w - 2\langle sw^\perp + (t+k)w, w^\perp\rangle w^\perp \\ &= Q - sw^\perp + (t+k)w \end{aligned}$$

를 얻는다. $s = 0$이 아니면 l은 고정될 수 없음을 유의하라. ◇

아핀군 AF(2)

이제 두 개의 아핀변환을 연속적으로 적용한 결과를 살펴보자. 만약

$$Tx = Ax + b \qquad \text{이고} \qquad \tilde{T}x = \tilde{A}x + \tilde{b}$$

이면,

$$T\tilde{T}x = A(\tilde{A}x + \tilde{b}) + b = (A\tilde{A})x + A\tilde{b} + b$$

이다. 따라서 두 아핀변환의 합성은 다시 아핀변환이다. $\tilde{A} = A^{-1}$로 $\tilde{b} = -Ab^{-1}$로 선택함으로써 $T\tilde{T} = I$라 놓을 수 있고, 따라서 아핀변환의 역도 역시 아핀변환임을 알 수 있다. 이것을 요약하면 다음 정리를 얻는다.

[**정리 3.6**] $\mathbb{R}^2$의 모든 아핀변환의 집합 **AF**(**2**)는 $\mathbb{R}^2$의 **아핀군**이라 부르는 군이다.

AF(**2**)의 원소들은 다음과 같이 행렬에 의해 편리하게 표현될 수 있다 :

$$A = \begin{pmatrix} a_{11} & a_{12} \\ a_{21} & a_{22} \end{pmatrix}, \qquad b = \begin{pmatrix} b_1 \\ b_2 \end{pmatrix}.$$

$Y = Ax + b$라 하면 3×3 행렬 방정식

$$\begin{pmatrix} y_1 \\ y_2 \\ 1 \end{pmatrix} = \begin{pmatrix} a_{11} & a_{12} & b_1 \\ a_{21} & a_{22} & b_2 \\ 0 & 0 & 1 \end{pmatrix} \begin{pmatrix} x_1 \\ x_2 \\ 1 \end{pmatrix} \tag{3.3}$$

이 성립하고, $\mathbf{AF(2)}$의 합성조작은 관련된 3×3 행렬의 행렬곱에 대응함을 쉽게 알 수 있다. 만약 $\mathbf{GL(3)}$을 모든 가역 3×3 행렬들의 군으로 놓으면 $\mathbf{AF(2)}$는 $\mathbf{GL(3)}$의 부분군이다. 이 표현은

$$T = \begin{pmatrix} A & b \\ 0 & 1 \end{pmatrix}$$

로 줄일 수 있다. 여기서 여러가지 행렬의 크기는 문맥상으로 이해할 수 있다. 이 사고는 문제 9에 공식화되어 있다.

아핀기하학의 기초정리

기본적인 정리에 의해 아핀변환의 존재성과 유일성 – 즉, 임의의 두 삼각형은 유일한 아핀변환에 의해 관련될 수 있다 – 에 관한 간단명료한 판단기준을 얻을 수 있다.

현 싯점에서 정리 3.2 – 아핀변환은 공선성을 보존한다 – 의 증명에서 나타난 사실을 강조하는 것이 좋을 듯하다.

[**정리 3.7**] P와 Q를 점이라 하고 T를 아핀변환이라 하자. 그러면

i. 임의의 실수 t에 대해,

$$T((1-t)P + tQ) = (1-t)TP + tTQ$$

이다.

ii. 점 X가 P와 Q 사이에 있을 필요충분조건은 TX가 TP와 TQ 사이에 있는 것이다. 더욱이

$$\frac{d(P,X)}{d(P,Q)} = \frac{d(TP,TX)}{d(TP,TQ)}$$

가 된다.

이제 아핀변환의 중요한 유일성을 유도할 수 있다.

[**정리 3.8**] i. 아핀변환이 두 개의 서로 다른 점을 고정한다면, 이 두 점을 연결하는 직선위의 모든 점을 고정한다.

ii. 아핀변환이 공선점이 아닌 세 개의 점을 고정한다면 항등변환이다.

증명 (i)은 식 (3.1)로부터 바로 나온다. 이제 P, Q와 R을 아핀변환 T에 의해 고정되는 공선점이 아닌 점들이라 하자. X를 직선 $\overleftrightarrow{PQ}, \overleftrightarrow{QR}$과 $\overleftrightarrow{RP}$의 어느 것에도 놓여 있지 않은 점이라 하고, A를 PQ의 중점이라 하자. 그러면 $\overleftrightarrow{XA}$는 $\overleftrightarrow{QR}$과 $\overleftrightarrow{RP}$ 모두에 평행이 될 수 없다. 따라서 그것은 이 직선들 중의 하나와 (A와 다른) 점 B에서 만난다. X가 두 고정점 A와 B를 포함하는 직선위에 있으므로 X 자신도 고정점이어야 한다. 그러므로 T는 평면상의 모든 점을 고정하고, 따라서 항등변환이다. ◇

위의 정리 3.8 (ii)의 증명은 합성적 증명이다. 그것은 앞에서 유도한 기하학적 사고와 기하학적 논의를 사용한다.

증명을 이해하는데 있어서 여러분들 자신의 도표를 그려보는 것이 유용하다. 선형대수를 이용한 다른 증명법이 문제 10에 제안되어 있다.

이제 임의의 두 삼각형을 연관시키는 유일한 아핀변환의 존재성을 주장하는 기본정리를 얻는다.

[**정리 3.9**] 주어진 두 쌍의 공선점이 아닌 세 점 P, Q, R과 P', Q', R'에 대해 $TP = P', TQ = Q'$이고 $TR = R'$인 유일한 아핀변환 T가 존재한다.

증명 $\{Q-P, R-P\}$와 $\{Q'-P', R'-P'\}$이 $\mathbb{E}^2$에 대한 기저 (1.4절)이므로 $A(Q-P) = Q'-P'$이고 $A(R-P) = R'-P'$인 가역 2×2 행렬 A가 존재한다. $T = \tau_{P'}A\tau_{-P}$라 하자. 그러면 $TP = \tau_{P'}A(P-P) = P'$이고 동일하게 $TQ = Q'$이며 $TR = R'$이다. 따라서 필요한 성질을 만족하는 아핀변환을 구성하였다. 이제 유일성을 증명하자. $\tilde{T}$가 P, Q와 R에서 T와 일치한다고 가정하자. 그러면 $\tilde{T}^{-1}T$는 P, Q와 R을 고정하는 아핀변환이다. 정리 3.8에 의해 $\tilde{T}^{-1}T = I$: 즉, $T = \tilde{T}$이다. ◇

아핀 반사변환과 아핀 회전변환

P, Q와 R을 $\mathbb{E}^2$의 공선점이 아닌 점들이라 하자. P를 고정하고 Q와 R을 서로 바꾸는 유일한 아핀변환 (기본정리에 의해 보장됨) 을 **아핀 반사변환**이라 부르고 기호

$$[P; Q \longleftrightarrow R]$$

로 쓴다 (그림 3.1 참조). 분명히 모든 일반적인 반사변환은 아핀변환이다. 실제로 l을 임의의 직선이라 하고 P를 l위의 점, Q를 l에 있지 않은 점이라 하고 $R = \Omega_l Q$라

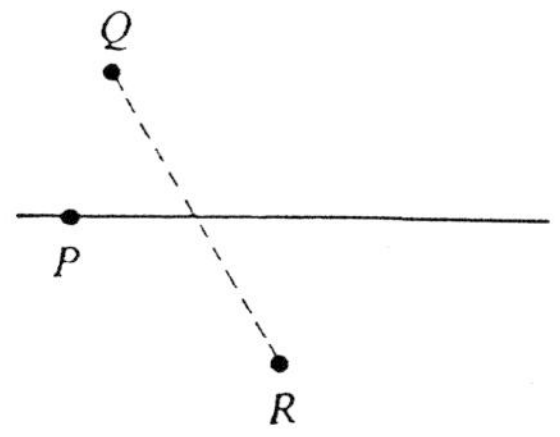

그림 3.1 아핀 반사변환 $[P; Q \longleftrightarrow R]$.

하자. 그러면

$$\Omega_l = [P; Q \longleftrightarrow R] \tag{3.4}$$

임을 쉽게 보일 수 있다 (문제 11).

모든 아핀 반사변환이 등거리변환이 아님을 곧 보이게 된다. 그러나, 아핀 반사변환은 일반적인 반사변환의 몇 가지 성질을 공유한다. 먼저 아핀반사변환 T는 T^2이 세 개의 공선점이 아닌 고정점을 가지므로 대합적이어야만 한다. 덧붙여 다음을 얻는다.

[**정리 3.10**] M을 선분 QR의 중점이라 하고, P를 Q와 R과 공선상에 있지 않은 임의의 점이라 하자.

i. 아핀 반사변환 $[P; Q \longleftrightarrow R]$은 $\overleftrightarrow{PM}$의 모든 점을 고정하지만 다른 어떤 점도 고정하지 않는다.

ii. 아핀 반사변환 $[P; Q \longleftrightarrow R]$은 $\overleftrightarrow{QR}$에 평행인 모든 직선과 직선 $\overleftrightarrow{PM}$을 불변선으로 갖지만, 다른 어떤 직선도 불변시키지 못한다.

증명 (i) 먼저 M이 고정점임을 보이자. $T(x) = Ax + b$라 놓자. 그러면

$$Q = TR = AR + b \qquad \text{이고} \qquad R = TQ = AQ + b$$

이다. 따라서

$$Q + R = A(Q + R) + 2b,$$

즉,

$$M = AM + b = TM$$

이고 M은 고정점이다. 정리 3.8 (i)에 의해 $\overleftrightarrow{PM}$은 고정점으로만 이루어져 있다. 한편, 아핀 반사변환은 항등변환이 아니다. 따라서 정리 3.8 (ii)에 의해 더 이상의 고정점을 가질 수 없다.

(ii) TQ와 TR은 Q와 R이 만든 직선과 같은 직선을 결정하므로 직선 $l = \overleftrightarrow{QR}$이 불변선임을 알 수 있다. l에 평행한 각 직선 l'은 $\overleftrightarrow{PM}$과 고정점 M'에서 만난다. 따라서 Tl'은 $Tl = l$에 평행이면서 M'을 지난다 (정리 3.5 (iii)과 정리 2.11). 이것은 $Tl' = l'$을 보장한다 ; 즉, l'은 불변선이다. 마지막으로 l''은 $\overleftrightarrow{PM}$과 서로 다르지만 l에 평행하지 않은 불변선이라 가정하자. 그러면 l''은 l'과 l과 고정점들에서 만난다. 이것은 모든 고정점들은 $\overleftrightarrow{PM}$ 위에 있다는 사실에 모순이다. ◇

[정리 3.11] 아핀 반사변환 $[P;Q \longleftrightarrow R]$이 등거리변환이기 위한 필요충분조건은 $\overleftrightarrow{PM} \perp \overleftrightarrow{QR}$인 것이다. 여기서 M은 QR의 중점이다.

증명 주어진 아핀 반사변환이 등거리변환이라 하자. 이것이 고정점들의 직선을 가지고 있으므로 정리 2.31에 의해 축 $\overleftrightarrow{PM}$을 가진 일반적인 반사변환이어야만 한다. 그러나 $\overleftrightarrow{QR}$이 이 반사변환의 불변선이고, 따라서 정리 2.32에 의해 $\overleftrightarrow{PM}$에 수직이어야 한다.

역으로 $\overleftrightarrow{PM} \perp \overleftrightarrow{QR}$이라 하자. $m = \overleftrightarrow{PM}$이라 놓자. Ω_m이 Q와 R을 교환하고, 따라서 기본정리에 의해, 준 아핀 반사변환과 일치함을 보인다. 먼저 N이 방향 $[Q-R]$에서의 단위벡터일 때

$$\Omega_m Q = Q - 2\langle Q - M, N\rangle N$$

이 성립함을 유의하자. 그러나,

$$Q - M = \frac{1}{2}(Q - R)$$

이다. 따라서

$$\Omega_m Q = Q - \langle Q - R, N\rangle N = Q - (Q - R) = R$$

이다. 또한 $\Omega_m R = \Omega_m \Omega_m Q = Q$. 그러므로 Ω_m은 Q와 R을 교환한다. ◇

교점이 P인 두 직선 l과 m에 대해 등거리변환이 되는 (즉, 정리 3.11의 조건을 만족하는) 아핀 반사변환을 연속적으로 행하면 **아핀 회전변환**이 형성된다. 또는 이 때

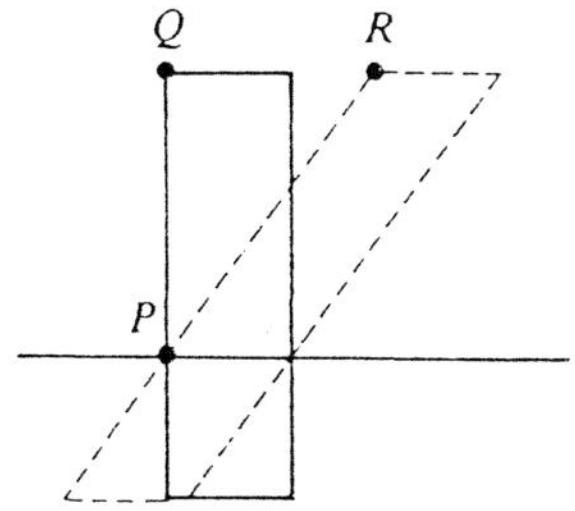

그림 3.2 층밀림변환 $[P; Q \longrightarrow R]$.

l을 m으로 보내는 아핀변환의 형태를 구해도 **아핀 회전변환**의 모양을 볼 수 있다. 어느 경우이고 이러한 회전변환은 P가 중심인 원을 불변시키는 변환이다 (문제 6).

층밀림변환

아핀기하학의 기본정리를 다른 류의 아핀변환을 정의하기 위해 이용할 수 있다. P, Q와 R을 공선점이 아닌 점이라 하자. P를 지나 $\overleftrightarrow{QR}$에 평행한 직선위의 모든 점을 고정하고 Q를 R로 보내는 유일한 아핀변환을 $[P; Q \longrightarrow R]$로 쓰고 **층밀림변환**이라고 한다. 그림 3.2를 보라.

[정리 3.12] 층밀림변환 $[P; Q \longrightarrow R]$은 P를 지나 $\overleftrightarrow{QR}$에 평행인 직선을 고정점 집합으로 갖는다. 불변선은 $\overleftrightarrow{QR}$에 의해 결정된 평행선속에 속하는 것들이다.

증명 T를 문제의 층밀림변환이라 하자. T는 직선 $m = P + [Q - R]$위에 있는 것 외의 어떤 점도 고정점으로 갖지 못한다. 다른 고정점을 갖게 되면 T는 항등변환이다.

$l = Q + [Q - R]$이라 하자. $l \parallel m$이고 $Tm = m$이므로 Tl은 $R = TQ$를 지나 m에 평행인 유일한 직선이다. 다시 말해 $Tl = l$이고 l은 불변선이다. 마지막으로 X를 l이나 m의 어느 것에도 있지 않은 점이라 하고 $X' = TX$라 하자. 직선 $\overleftrightarrow{XX'}$은 m에 평행이어야만 한다 ; 그렇지 않으면 $\overleftrightarrow{XX'}$은 m과 고정점 B에서 만나야만 하고 $\overleftrightarrow{XB}=\overleftrightarrow{X'B}$는 불변선이 된다. 이제 불변선들 $\overleftrightarrow{QR}$과 $\overleftrightarrow{XB}$는 고정점에서 만나야만 하는데 그것은 불가능하다. 이것은 TX가 $X + [Q - R]$위에 있고 따라서, $X + [Q - R]$은 불변선임을 보여준다. 이 논의는 $\mathbb{E}^2$의 다른 어떤 직선도 고정될 수 없음을 보여준다. ◇

참고 층밀림변환의 고정점의 직선을 이 변환의 **축**이라 부른다.

[**정리 3.13**] 고정점이 x_1−축을 따라 놓여 있는 층밀림변환은 형태

$$s_\lambda = \begin{pmatrix} 1 & \lambda & 0 \\ 0 & 1 & 0 \\ 0 & 0 & 1 \end{pmatrix} \tag{3.5}$$

의 행렬을 갖는다.

증명 원점이 고정점이기 때문에 평행이동부는 0이다. 또한 벡터 ε_1은 고정점이고, 이것이 행렬의 첫 열을 결정한다. 마지막으로 층밀림변환은 ε_2를 수평직선 $\varepsilon_2+[\varepsilon_1]$위의 점으로 보내야만 한다. 이것이 두 번째 열을 결정한다. ◇

참고

i. 형태 s_λ $(\lambda \neq 0)$의 모든 행렬은 층밀림변환을 결정한다.

ii. T가 축 l을 가진 층밀림변환이고 ϱ는 임의의 아핀변환이라면 $\varrho T \varrho^{-1}$는 축이 ϱl인 층밀림변환이다.

이 사실들은 기본정리로부터 쉽게 나온다 (문제 12). 축이 점 P를 지나는 수평선인 층밀림변환은

$$T(x) = P + s_\lambda(x - P) \tag{3.6}$$

로 쓸 수 있고, 축이 원점을 지나고 방향벡터가 $(\cos\vartheta, \sin\vartheta) = (\mathrm{rot}\,\vartheta)_{\varepsilon_1}$인 층밀림변환은 형태

$$T(x) = (\mathrm{rot}\,\vartheta)s_\lambda(\mathrm{rot}\,(-\vartheta))x$$

로 쓸 수 있고, 따라서 축이 $P + [(\mathrm{rot}\,\vartheta)\varepsilon_1]$인 임의의 층밀림변환은 실수 $\lambda \neq 0$에 대해

$$T(x) = P + (\mathrm{rot}\,\vartheta)s_\lambda(\mathrm{rot}\,(-\vartheta))(x - P) \tag{3.7}$$

로 쓸 수 있다.

확대변환

확대변환은 각각의 직선 l에 대해 $T(l) = l$이거나 $T(l) \parallel l$인 성질을 갖는 아핀변환이다. 항등변환은 **자명한 확대변환**이다.

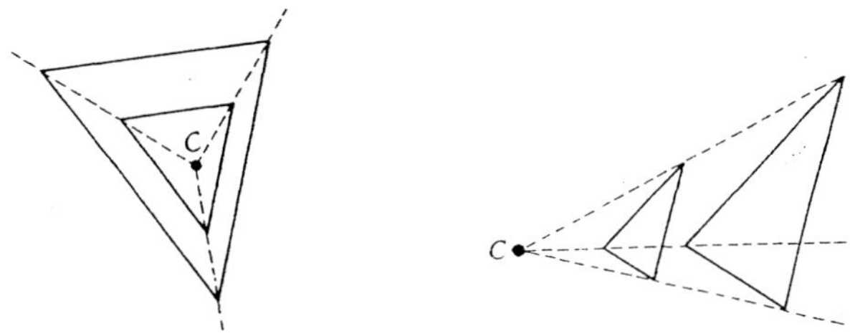

그림 3.3 중심확대변환에 의해 연결된 두 삼각형의 두 경우.

[**정리 3.14**] 두 개의 고정점을 갖는 확대변환은 항등변환이어야만 한다.

증명 P와 Q가 확대변환 T의 서로 다른 두 고정점이라 하자. 그러면 직선 $\overleftrightarrow{PQ}$위의 모든 점은 고정점이다. X를 $\overleftrightarrow{PQ}$위에 있지 않은 임의의 점이라 하자. 그러면 T는 직선 $\overleftrightarrow{PX}$를 P점을 지나는 같은 방향의 직선으로 옮긴다. 다시 말하면 $\overleftrightarrow{PX}$는 불변선이다. 같은 논의로 $\overleftrightarrow{QX}$도 불변선이고, 따라서 X는 고정점이다. T가 세 개의 공선점이 아닌 고정점을 가지므로 T는 항등변환이어야 한다. ◇

따라서 자명하지 않은 확대변환은 기껏해야 하나의 고정점을 갖는다. 정확히 하나의 고정점을 갖는 확대변환을 **중심확대변환**이라 부르고, 고정점을 **중심**이라 부른다. 그림 3.3을 보라.

[**정리 3.15**] i. 중심이 C인 중심확대변환은

$$T(x) = C + \kappa(x - C) \tag{3.8}$$

의 형태로 쓸 수 있다. 수 $|\kappa|$는 T의 확대요소라 부른다.

ii. 고정점이 없는 확대변환은 평행이동변환이다.

증명 T를 중심이 C인 확대변환이라 하자. T가 확대변환이므로 모든 벡터 $v \in \mathbb{R}^2$는 A (T의 선형부분)의 고유벡터이어야만 한다. 따라서 $A = \kappa I$를 만족하는 실수 κ $(\neq 0)$가 존재한다 (문제 13).

$T(C) = C$이므로 T의 평행이동부분은 $C - \kappa C$와 같고 따라서 모든 $x \in \mathbb{E}^2$에 대해

$$T(x) = \kappa x + C - \kappa C = C + \kappa(x - C)$$

이다. 이것으로 (i)의 증명이 끝난다. 더욱이, 만약 $\kappa \neq 1$이면 방정식 $\kappa x + b = x$는 해 $x = \dfrac{-1}{\kappa - 1}b$를 갖는다. 따라서, 모든 확대변환은 평행이동 $(\kappa = 1)$이거나 하나의 고정점을 갖는다. ◇

[정리 3.16] 중심확대변환의 불변선들은 정확히 그것의 중심을 지나는 직선들이다.

증명 중심을 C라 하면,

$$T(C + [v]) = TC + [v] = C + [v]$$

이므로 C를 지나는 모든 직선은 불변선임을 알 수 있다. 한편, 임의의 불변선 l이 C를 지나지 않는다면 이 직선위의 임의의 점 X를 잡는다. 그러면 $\overleftrightarrow{CX}$와 l은 X에서 만나는 불변선이다. X가 고정점이 될 수 없으므로 모순이다. ◇

참고 반회전은 $\kappa = -1$인 특수한 중심확대변환이다.

닮음변환과 아핀대칭변환

[정의 3.5] 사상 $T : \mathbb{E}^2 \to \mathbb{E}^2$가 모든 $X, Y \in \mathbb{E}^2$에 대해

$$d(TX, TY) = \kappa d(X, Y)$$

를 만족하면 (확대 인자 $\kappa > 0$를 갖는) **닮음변환**이라 부른다.

닮음변환은 두 단계에 의해 형성될 수 있다 : 첫째는 (물체를 알맞는 크기로 만들기 위한) 중심확대변환; 두번째는 (물체를 알맞는 장소로 옮기기 위한) 등거리변환.

[정리 3.17] 모든 닮음변환은 중심확대변환 후에 등거리변환을 실행한 것이다. 특히, 모든 닮음변환은 아핀변환이다.

증명 T를 확대인자 κ를 가진 닮음변환이라 하자. S를

$$SX = \frac{1}{\kappa}X$$

로 정의된 중심확대변환이라 하자. 그러면

$$\begin{aligned} d(TSX, TSY) &= \kappa d(SX, SY) \\ &= \kappa \frac{1}{\kappa} d(X, Y) = d(X, Y). \end{aligned}$$

따라서 TS는 등거리변환이고, 그러므로 T는 중심확대변환 S^{-1}를 먼저 시행하고 이 같은 등거리변환 TS를 시행한 것과 같은 것이다. ◇

[정리 3.18] i. T_1과 T_2가 각각 확대인자 κ_1과 κ_2를 가진 닮음변환이라면 T_1T_2는 확대인자 $\kappa_1\kappa_2$를 가진 닮음변환이다.

ii. T가 확대인자 κ를 가진 닮음변환이라면, T^{-1}는 확대인자 $\frac{1}{\kappa}$을 가진 닮음변환이다.

증명 독자에게 맡긴다 (문제 14). ◇

[따름정리 3.3] $\mathbb{E}^2$의 닮음변환들의 집합은 군을 이룬다.

[정의 3.6] 두 그림 $\mathfrak{F}_1$과 $\mathfrak{F}_2$사이에 $T\mathfrak{F}_1 = \mathfrak{F}_2$가 되는 닮음변환 T가 있으면 $\mathfrak{F}_1$과 $\mathfrak{F}_2$는 **닮았다**고 한다.

임의의 도형 $\mathfrak{F}$를 불변시키는 아핀변환은 $\mathfrak{F}$의 **아핀대칭변환**이라 하고, 모든 아핀대칭변환의 집합은 $\mathfrak{F}$의 **아핀대칭 변환군**이라 부르는 군이다.

3.3 선분, 각과 이들의 대칭변환

사선과 각

P를 $\mathbb{E}^2$의 점이라 하고, v를 0이 아닌 벡터라 하자. 그러면

$$\mathfrak{r} = \{P + tv \mid t \geq 0\} \tag{3.9}$$

을 원점이 P이고 방향벡터가 v인 **사선**이라 한다. 분명히, P를 지나는 모든 직선은 원점이 P인 두 사선들의 합이다. 그들의 방향벡터는 서로의 음의 방향이다. 공통 원점 P를 가지는 두 사선 $\mathfrak{r}_1$과 $\mathfrak{r}_2$를 꼭지점이 P이고 팔 $\mathfrak{r}_1$과 $\mathfrak{r}_2$를 가지는 **각**이라 부른다. $\mathfrak{r}_1 = \mathfrak{r}_2$인 경우를 허용하는데 이 경우의 각을 **영각**으로 생각한다. $\mathfrak{r}_1$과 $\mathfrak{r}_2$가 같은 직선의 두 반쪽이라면 그들을 **반대사선**이라 말하고 각을 **평각**이라 한다.

마지막으로 $\mathfrak{r}_1 \perp \mathfrak{r}_2$이면 이 각을 **직각**이라 부른다. (두 사선은 그들의 방향벡터가 직교하면 수직이다.)

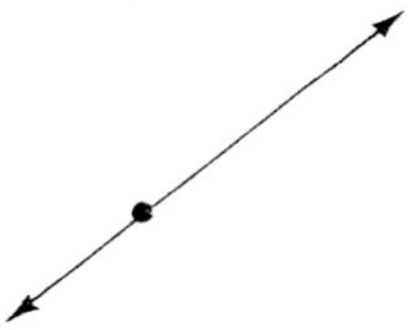

그림 3.4 평각.

그림 3.5 영각

주어진 서로 다른 두 점 P와 Q에 대해 Q를 지나고 원점이 P인 유일한 사선이 존재한다. 이 사선을 $\overrightarrow{PQ}$라 놓는다. 꼭지점이 Q이고 팔이 $\overrightarrow{QP}$와 $\overrightarrow{QR}$인 **각**은 $\angle PQR$로 놓거나, 동등하게, $\angle RQP$라 놓는다. 사선과 각은 그림 3.4 - 3.7에 보인 것처럼 표현될 수도 있다.

이제 각에 대한 수치 측도를 정의할 수 있다. 이것은 해석적 개념에 의해 정의되어야만 하고 각 측도의 그림 기호에 의존하지 않도록 해야 한다.

[**정의 3.7**] $\mathfrak{A}$를 단위 방향벡터 u와 v를 팔로 갖는 각이라 하자. $\mathfrak{A}$의 래디안 측도는

$$\cos^{-1}\langle u, v\rangle \tag{3.10}$$

로 정의된다.

주의 $u = (\cos\vartheta, \sin\vartheta)$, $v = (\cos\varphi, \sin\varphi)$로 쓰면 래디안 측도 α는

$$(\operatorname{rot}\alpha)u = v \quad \text{또는} \quad (\operatorname{rot}\alpha)v = u$$

를 만족한 $[0, \pi]$안의 유일한 수이다. 즉, $\mathfrak{A}$의 한 팔을 다른 팔로 보내는 α각 만큼의 회전변환이 존재한다 (문제 15).

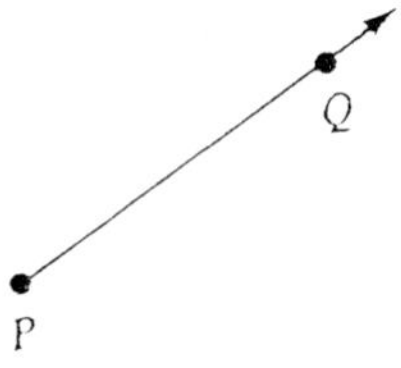

그림 3.6 사선 $\overrightarrow{PQ}$.

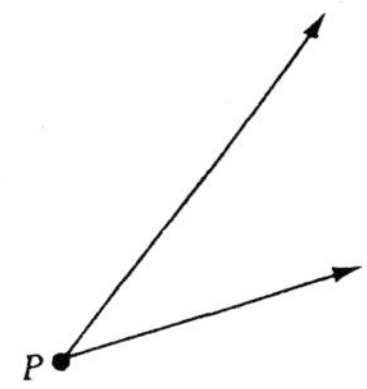

그림 3.7 꼭지점이 P인 각.

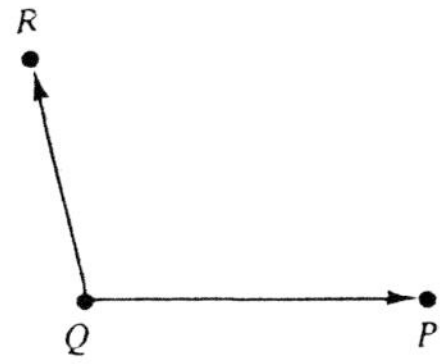

그림 3.8 둔각.

[**정리 3.19**] $\mathfrak{A}$를 임의의 각이라 하자. 그것의 래디안 측도 α가

i. 0일 필요충분조건은 $\mathfrak{A}$가 영각인 것이고,

ii. π일 필요충분조건은 $\mathfrak{A}$가 평각인 것이다.

iii. 그렇지 않으면 $0 < \alpha < \pi$이다.
더욱이, $\alpha = \dfrac{\pi}{2}$일 필요충분조건은 $\mathfrak{A}$가 직각인 것이다.

[**정의 3.8**] 각 $\mathfrak{A}$의 래디안 측도가 $\dfrac{\pi}{2}$ 미만이면 **예각**이고, $\dfrac{\pi}{2}$를 초과하면 **둔각**이라 한다. 그림 3.8 - 3.10을 보라.

[**정리 3.20**] $\mathfrak{A} = \angle PQR$을 각이라 하자. 그러면

i. $\angle PQR$이 예각일 필요충분조건은 $\langle P - Q, R - Q\rangle$가 양수인 것이다.

ii. $\angle PQR$이 둔각일 필요충분조건은 $\langle P - Q, R - Q\rangle$가 음수인 것이다.

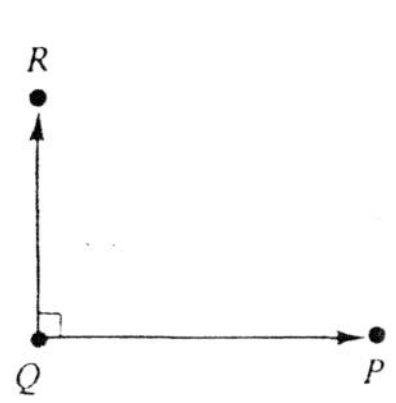

그림 3.9 직각.

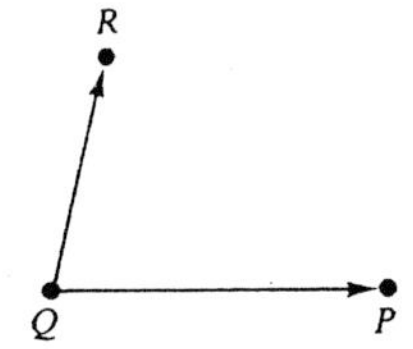

그림 3.10 예각.

[**정의 3.9**] $\mathfrak{A}$를 꼭지점이 P이고 래디안 측도가 α인 각이라 하자. u와 v를 $(\mathrm{rot}\,\alpha)u = v$를 만족하는 그것의 팔들의 단위 방향벡터라 하자. 그러면 원점이 P이고 방향벡터가 $\left[\mathrm{rot}\left(\frac{\alpha}{2}\right)\right]u$인 사선을 $\mathfrak{A}$의 **이등분선**이라 부른다.

주의 평각은 두 개의 이등분선을 갖는다. 다른 각은 유일한 이등분선을 갖는다.

[**정리 3.21**] 임의의 각 $\mathfrak{A}$에 대해 그것의 팔들을 서로 교환하는 유일한 반사변환, 즉 $\mathfrak{A}$의 이등분선을 포함하는 직선에 대한 반사변환이 존재한다.

증명 u, v와 α를 정의에서처럼 놓자. P가 $\mathfrak{A}$의 꼭지점이라면, $u = (\cos\vartheta, \sin\vartheta)$, $v = (\cos\varphi, \sin\varphi)$라 할 때 $T = \tau_P\left(\mathrm{ref}\,\frac{(\vartheta+\varphi)}{2}\right)\tau_{-P}$라 놓자. 그러면 실수 t에 대해

$$
\begin{aligned}
T(P+tu) &= P + \left(\mathrm{ref}\,\frac{\vartheta+\varphi}{2}\right) tu \\
&= P + t\left(\mathrm{ref}\,\frac{\vartheta+\varphi}{2}\right)\left(\mathrm{ref}\,\frac{\vartheta}{2}\right)\varepsilon_1 \\
&= P + t\left(\mathrm{ref}\,\frac{\varphi}{2}\right)\varepsilon_1 = P + tv
\end{aligned}
$$

가 성립한다. 따라서 $T\mathfrak{r}_1 = \mathfrak{r}_2$이고, 대칭에 의해 $T\mathfrak{r}_2 = \mathfrak{r}_1$이다.

유일성을 보이기 위해, $\tilde{T}$를 $\mathfrak{r}_1$과 $\mathfrak{r}_2$를 교환하는 다른 반사변환이라 하자. 그러면 $\tilde{T}T$는 사선들 $\mathfrak{r}_1$과 $\mathfrak{r}_2$를 고정한다. 따라서, 그들의 교점 P는 고정된다. $T(P) = P$이기 때문에 $\tilde{T}T(P) = P$이다. 그러므로 반사변환 $\tilde{T}$의 축은 P를 지나고 $\tilde{T}T$는 P에 관한 회전변환이다. 이제 사선을 고정하는 단 하나의 회전변환은 항등변환이고 (문제 22), $\tilde{T}T$는 항등사상이어야만 한다고 할 수 있다. 따라서 $T = \tilde{T}$이다. ◇

선분과 각의 대칭변환

PQ를 선분이라 하자. PQ의 대칭변환들을 계산해 보자. 먼저, 임의의 아핀변환

T는 선분 PQ를 선분 $P'Q'$ $(P' = TP,\ Q' = TQ)$으로 옮긴다. 우선 T는 집합 $\{P, Q\}$를 치환함을 보이자.

[**보조정리 3.1**] 선분은 그것의 끝점을 결정한다 ; 즉, PQ와 $\tilde{P}\tilde{Q}$가 같은 선분을 나타낸다면 $\{P, Q\} = \{\tilde{P}, \tilde{Q}\}$이다.

증명 필요하다면 $\tilde{P}$와 $\tilde{Q}$를 교환하고 $0 \le t < s \le 1$일 때

$$\tilde{P} = (1-t)P + tQ, \qquad \tilde{Q} = (1-s)P + sQ$$

로 쓰자. 이제

$$\begin{aligned} P &= (1-\tilde{t})\tilde{P} + \tilde{t}\tilde{Q} \\ &= (1-\tilde{t})((1-t)P + tQ) + \tilde{t}((1-s)P + sQ) \\ &= P + (t + \tilde{t}(s-t))(Q-P) \end{aligned}$$

가 되는 $\tilde{t} \in [0,1]$가 존재한다. $Q \neq P$이므로 $t + \tilde{t}(s-t) = 0$이어야만 한다. 그러나 조건 $t \ge 0,\ \tilde{t} \ge 0,\ s - t > 0$에 의해 $t = 0$이고 $\tilde{t}(s-t) = 0$; 즉, $\tilde{t} = 0$임을 얻는다. 그러므로 $\tilde{P} = P$임이 증명된다. $\tilde{Q} = Q$임도 비슷하게 증명할 수 있다. ◇

$\{P, Q\}$를 점별고정하는 두 개의 등거리변환이 존재한다 : 축이 $l = \overleftrightarrow{PQ}$인 반사변환 Ω_l과 항등사상. 한편 P와 Q를 교환하는 정확히 두 개의 등거리변환이 존재한다. 분명히 하나는 축 m이 PQ의 수직 이등분선인 반사변환 Ω_m이다. 그러나 만약 T가 P와 Q를 바꾸는 다른 등거리변환이라면 합성 $\Omega_m T$는 P와 Q를 고정한다. 이로 인해 M이 PQ의 중점일 때

$$\Omega_m T = I \qquad \text{이고} \qquad T = \Omega_m$$

또는

$$\Omega_m T = \Omega_l \qquad \text{이고} \qquad T = \Omega_l \Omega_m = H_M$$

을 얻는다. 따라서 PQ의 서로 다른 대칭변환들은 네 개이다 : 두 개의 반사변환, 반회전과 항등사상. 이것을 정리로 쓰자.

[**정리 3.22**] 선분의 서로 다른 대칭변환들은 모두 네 가지다 : 두 개의 반사변환, 반회전과 항등사상. 이것들은 군을 이룬다.

이제 각의 대칭변환에 대한 다음 정리를 보자.

[정리 3.23] $\angle PQR$을 각이라 하자. $d(P,Q) = d(Q,R)$이라 하자. m을 $\angle PQR$의 이등분선을 포함하는 직선으로 놓자. 그러면 Ω_m은 P와 R을 교환하고 Q를 고정한다.

증명 $P - Q = |P - Q|u$이고 $R - Q = |R - Q|v$라 쓰고 정리 3.21의 기호를 쓴다. $\Omega_m P = R$인 것을 밝히면 된다.

$$\begin{aligned}
\Omega_m P &= \tau_Q \left(\mathrm{ref}\,\frac{\vartheta+\varphi}{2}\right)\tau_{-Q}P \\
&= \tau_Q \left(\mathrm{ref}\,\frac{\vartheta+\varphi}{2}\right)|P-Q|u \\
&= Q + |P-Q|v = Q + |R-Q|v \\
&= Q + R - Q = R.
\end{aligned}$$

◇

각의 대칭변환에 대한 완전한 논의는 다른 기하학개론서들을 참고하라.

무게중심과 무게중심좌표

F를 $\mathbb{E}^2$의 점들의 유한집합이라 하자. $x \in \mathbb{E}^2$에 대해

$$f(x) = \sum_{P\in F} d(x,P)^2 \tag{3.11}$$

으로 정의한다.

[정리 3.24] 함수 f가 최소값을 갖는 $\mathbb{E}^2$의 유일한 점이 존재한다. 이 점을 F의 **무게중심**이라 부른다.

증명 n을 F의 점들의 수라 하자. 그러면

$$\begin{aligned}
f(x) &= \sum_P \langle x-P, x-P\rangle \\
&= \sum_P (|x|^2 - 2\langle x,P\rangle + |P|^2) \\
&= n|x|^2 - 2\langle x, \sum P\rangle + \sum |P|^2
\end{aligned}$$

이다. $C = \dfrac{1}{n}\sum P$, $b = \dfrac{1}{n}\sum |P|^2$로 쓰자. 그러면

$$\begin{aligned} f(x) &= n(|x|^2 - 2\langle x, C\rangle + b) \\ &= n(|x|^2 - 2\langle x, C\rangle + |C|^2 + b - |C|^2) \\ &= n|x - C|^2 + n(b - |C|^2) \end{aligned}$$

이 된다. 분명히 $f(x)$는 정확히 $x = C$일 때 최소값을 갖는다. ◇

무게중심의 개념을 도형에 적용하기 위해 먼저 다음 정의를 도입하자.

[**정의 3.10**] 유한 개의 선분, 사선과 직선들의 합을 **꺾은선 도형**이라 부른다. 잘 알려진 예로는 삼각형, 정사각형과 각이 있다.

일반적으로 $\mathfrak{F}$가 유한 개의 꼭지점을 갖는 꺾은선도형이라면 꼭지점들의 집합의 무게중심을 $\mathfrak{F}$의 무게중심으로 생각한다.

[**정리 3.25**] $\mathfrak{F}$를 유한 개의 꼭지점을 갖는 꺾은선도형이라 하자. C를 $\mathfrak{F}$의 무게중심이라 하자. 그러면 임의의 등거리변환 T에 대해 TC는 $T\mathfrak{F}$의 무게중심이다.

증명 먼저 P가 $\mathfrak{F}$의 꼭지점이기 위한 필요충분조건은 TP가 $T\mathfrak{F}$의 꼭지점인 것임을 유의하자. 또 양

$$\sum_P |x - TP|^2 = \sum |TT^{-1}x - TP|^2 = \sum |T^{-1}x - P|^2$$

은 $T^{-1}x$가 $\mathfrak{F}$의 무게중심 C, 즉 $x = TC$일 때 그것의 최소값을 갖는다. 따라서 TC는 $T\mathfrak{F}$의 무게중심이다. ◇

[**따름정리 3.4**] T가 유한 개의 꼭지점을 갖는 꺾은선도형 $\mathfrak{F}$의 대칭변환(즉, $T\mathfrak{F} = \mathfrak{F}$)이라면, T는 $\mathfrak{F}$의 무게중심을 고정한다.

이제 P, Q와 R을 공선점이 아닌 점이라 하자. 각각의 점 $X \in \mathbb{E}^2$에 대해

$$X = \lambda P + \mu Q + \nu R \tag{3.12}$$

이고

$$\lambda + \mu + \nu = 1$$

인 실수들의 유일한 세 짝 (λ, μ, ν)가 존재한다. 관계

$$X \longmapsto \begin{pmatrix} \lambda \\ \mu \\ \nu \end{pmatrix}$$

를 **무게중심좌표**라 부르고, $\triangle PQR$을 **참고 삼각형**이라 한다 (문제 26을 보라).

참고

i. 이것은 직선 $\overleftrightarrow{PQ}$ 위의 점들은 $\lambda + \mu = 1$일 때 $\lambda P + \mu Q$로 유일하게 표현될 수 있다는 사실을 일반화한다.

ii. 무게중심좌표 λ, μ와 ν의 값들은 참고 삼각형에 관해 X의 위치에 알맞은 방법으로 연관된다.

iii. 무게중심좌표는 물리학적으로 설명되어질 수 있다. λ, μ와 ν의 무게들이 각각 P, Q와 R에 놓여 있다면 나타나는 도형의 중심은 X이다. 물론 이것은 (i)에 서술했듯이 직선의 경우에도 또한 적용된다.

[**정리 3.26**] $\overleftrightarrow{PQ}$를 직선이라 하고 R을 $\overleftrightarrow{PQ}$ 위에 있지 않은 점이라 하자. 참고 삼각형으로 $\triangle PQR$을 이용해 무게중심좌표가 λ, μ, ν인 점 X에 대해

i. $\nu = 0$일 필요충분조건은 X가 $\overleftrightarrow{PQ}$에 머무르는 것이다.

ii. $\nu > 0$일 필요충분조건은 $XR \cap \overleftrightarrow{PQ} = \emptyset$인 것이다.

iii. $\nu < 0$일 필요충분조건은 $XR \cap \overleftrightarrow{PQ} \neq \emptyset$인 것이다.

증명 만약 $\nu = 0$이면, 방정식

$$X = \lambda P + \mu Q = (1-\mu)P + \mu Q$$

와 식 (3.12)의 표현의 유일성을 이용하고, $\nu > 0$ 또는 $\nu < 0$일 때는, $0 \leq t \leq 1$에 대해, 방정식

$$(1-t)X + tR = (1-t)\lambda P + (1-t)\mu Q + (1-t)\nu R + tR$$

의 해를 구해 보면 쉽게 증명할 수 있다. ($(1-t)\nu + t$의 부호를 생각하라.) ◇

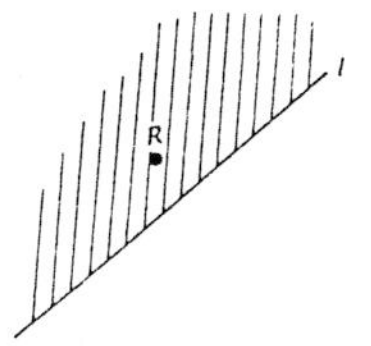

그림 3.11 $\overline{XR} \cap l = \emptyset$인 모든 점 X들로 이루어진 반평면.

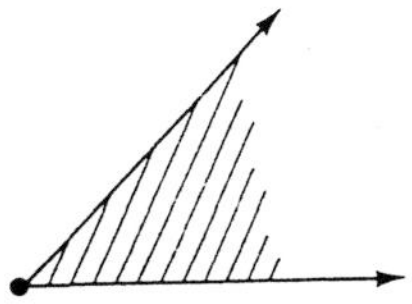

그림 3.12 각의 내부

[**정의 3.11**] l을 직선이라 하고, R을 l에 있지 않은 점이라 하자. l과 R에 의해 결정되는 **반평면**은 $\overline{XR} \cap l = \emptyset$인 X들의 집합이다 (그림 3.11).

[**정리 3.27**] i. 모든 직선 l은 두 개의 반평면을 결정한다. 반사변환 Ω_l은 반평면을 서로 바꾼다.

ii. l을 직선이라 하고, P와 Q를 l 위의 점이라 하자. R을 l 위에 있지 않은 점이라 하자. 그러면 l과 R에 의해 결정된 반평면은 $\nu > 0$인 모든 점들의 집합이다. (물론 여기서 참고 삼각형은 $\triangle PQR$이다.) $\nu < 0$인 모든 점들의 집합은 l과 $\Omega_l R$에 의해 결정된 반평면이다. 두 반평면은 서로의 반대라고 말한다.

참고 두 점이 같은 반평면에 있을 때 그들은 **l의 같은 쪽**에 있다고 한다. 반대 반평면에 있는 점들은 **l의 반대쪽**에 있다고 한다.

[**정의 3.12**] 만약 $\lambda > 0$이고 $\nu > 0$이면 점 X는 각$\angle PQR$의 **내부**에 있다고 한다. (그림 3.12를 보라.)

참고 이것은 X와 R이 $\overleftrightarrow{PQ}$의 같은 쪽에 있고, X와 P는 $\overleftrightarrow{QR}$의 같은 쪽에 있다고 하는 것과 같다.

[**정리 3.28 (횡단막대정리)**] X를 각 $\angle PQR$의 내부에 있는 점이라 하자. 그러면 사선 $\overrightarrow{QX}$는 선분 PR과 교차한다. (그림 3.13을 보라.)

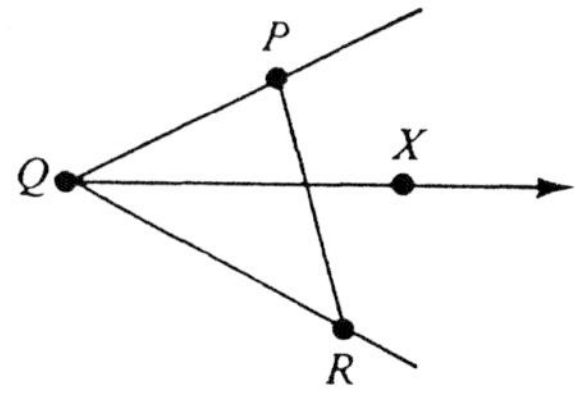

그림 3.13 횡단막대정리.

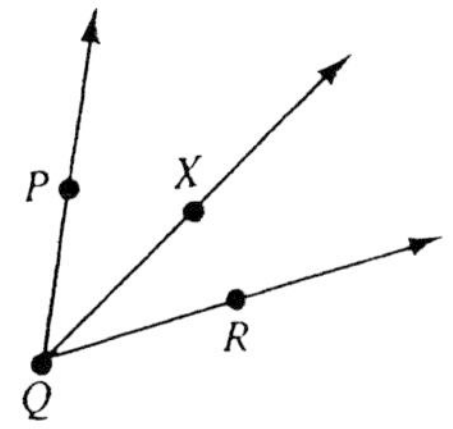

그림 3.14 각 PQX와 각 XQR의 합에 의한 각 PQR의 형성.

증명 $\triangle PQR$을 참고 삼각형으로 사용하면

$$\begin{aligned} Q + t(X - Q) &= (1-t)Q + t\lambda P + t\mu Q + t\nu R \\ &= t\lambda P + (1 - t + t\mu)Q + t\nu R \end{aligned}$$

을 얻는다. $1 - t + t\mu = 0$이 되도록 t의 양의 값을 선택해야 한다 ; 즉,

$$t = \frac{-1}{\mu - 1} = \frac{1}{1-\mu}.$$

$1 - \mu = \lambda + \nu > 0$이므로 t의 이 값은 분명히 양수이다. 더욱이, $\lambda t = \dfrac{\lambda}{1-\mu} > 0$이고 $\nu t = \dfrac{\nu}{1-\mu} > 0$이므로 $Q + t(X - Q)$는 PR위에 놓여 있다. ◇

각의 합

[정리 3.29] i. $\angle PQR$을 각이라 하고 X를 내부점라 하자. 그러면 $\angle PQR$의 래디안 측도는 $\angle PQX$의 래디안 측도와 $\angle RQX$의 래디안 측도의 합이다 (그림 3.14).

ii. $\angle PQR$을 평각이라 하고 X가 직선 $\overleftrightarrow{PQ}$ 위에 있지 않은 점이라 하자. 그러면 $\angle PQX$와 $\angle RQX$의 래디안 측도의 합은 π와 같다.

참고 (ii)에서 각 $\angle PQX$와 $\angle RQX$를 각각의 **보각**이라 한다. 이 쌍을 보각의 쌍이라고 이야기한다.

증명 (i) ϑ, ϑ_1과 ϑ_2를 각각의 래디안 측도라 하자. $u = P - Q, v = R - Q, w = X - Q$라 할 때 이것들이 단위벡터라 하고 $(\mathrm{rot}\,\vartheta)u = v$라 가정해도 일반성을 잃지 않는다. X가 $\angle PQR$의 내부점이므로, λ와 μ가 양수일 때

$$X - Q = \lambda(P - Q) + \mu(R - Q),$$

즉

$$w = \lambda u + \mu v$$

라 쓸 수 있다. 래디안 측도의 정의에 따르면 네 가지 가능성이 있다 :

(1) 첫번째 가능성은 $(\mathrm{rot}\,\vartheta_1)u = w$이고 $(\mathrm{rot}\,\vartheta_2)w = v$일 때이다. 이 때는 $(\mathrm{rot}\,(\vartheta_1 + \vartheta_2))u = v$이고 $\vartheta_1 + \vartheta_2 \equiv \vartheta \pmod{2\pi}$이다. 그러나 $0 < \vartheta_1 + \vartheta_2 < 2\pi$이므로 실제로 $\vartheta_1 + \vartheta_2 = \vartheta$가 되는데 이것이 원하는 결과다.

(2) 다른 세 가지 가능성은 나타나지 않는다. 증명없이 경우만 나열하겠다. 여러분들이 증명해 보기 바란다 : (a) $(\mathrm{rot}\,\vartheta_1)u = w$이고 $(\mathrm{rot}\,\vartheta_2)v = w$인 경우. (b) $(\mathrm{rot}\,\vartheta_1)w = u$이고 $(\mathrm{rot}\,\vartheta_2)w = v$일 때. (c) $(\mathrm{rot}\,\vartheta_1)w = u$이고 $(\mathrm{rot}\,\vartheta_2)v = w$일 때.

(ii) $\angle PQR$이 평각인 경우에는 w를 u와 v에 의해서 표현할 수 없다. 그러나 $v = -u$이고 $v^\perp = -u^\perp$이다. 따라서 증명이 더 쉬워졌다. (1)에 대하여는 같은 논리에 의하여 $\vartheta = \pi$이고 $\vartheta_1 + \vartheta_2 = \pi$이다. (2)의 경우에 대해서는 독자들에게 맡긴다. ◇

3.4 삼각형

삼각형

P, Q, R을 $\mathbb{E}^2$의 공선점이 아닌 점이라 하자. 삼각형 PQR은 (때로는 $\triangle PQR$로 쓰는데) 선분 PQ, QR과 PR로 이루어진 다각도형이다. 이 선분들을 삼각형의 변이라 부른다.

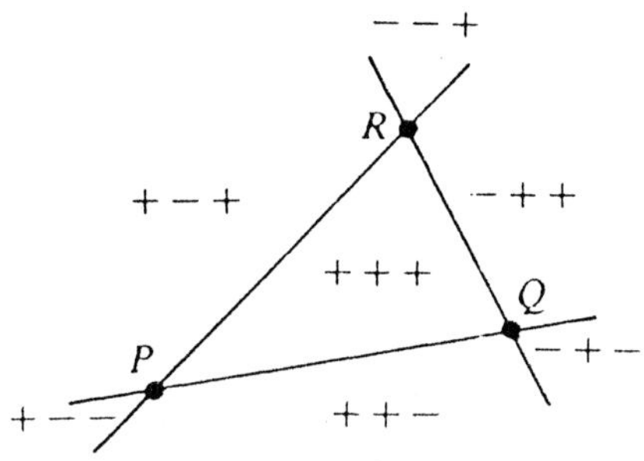

그림 3.15 무게중심좌표의 부호에 의해 특성화된 평면의 영역들.

[**정리 3.30**] $\triangle PQR$을 삼각형이라 하자. $\triangle PQR$이 무게중심좌표계의 참고 삼각형이라면

i. $X \in \mathbb{E}^2$가 $\triangle PQR$의 꼭지점이 되기 위한 필요충분조건은 정확히 두 개의 무게중심좌표가 0인 것이다.

ii. 만약 점 X가 꼭지점이거나 하나의 무게중심좌표가 0이고 다른 것들은 양이라면 도형 $\triangle PQR$위에 X가 있다.

[**정의 3.13**] 어떤 점이 P, Q와 R에 의해 결정되는 모든 세 개의 각의 내부에 있다면 그 점은 $\triangle PQR$의 내부에 있다.

참고 삼각형의 내부에 있는 점들은 모든 세 개의 무게중심좌표를 양으로 가짐에 의하여 특성화된다. 그림 3.15는 무게중심좌표 λ, μ, ν의 부호에 의하여 특성화된 일곱 개의 영역으로 전평면이 나뉘어져 있음을 보인다. 예를 들어 삼각형의 내부는 조합 $+++$에 의하여 특성화된다.

[**정리 3.31**] 아핀변환 T는 $P' = TP, Q' = TQ$이고 $R' = TR$일 때 $\triangle PQR$을 $\triangle P'Q'R'$으로 사상한다.

증명 $\triangle PQR$은 세 개의 서로 다른 직선들에 속하는 세 개의 서로 다른 선분들의 합이다. 정리 3.7에 따르면 이 선분들은 T에 의하여 $\triangle P'Q'R'$을 만드는 대응되는 선

분들로 변환된다. P', Q'과 R'이 공선점이 아니고 따라서 삼각형을 만들 수 있다는 사실은 T^{-1}가 아핀변환이고 공선성을 보존한다는 것에 기인한다. (정리 3.2와 3.7.) ◇

[**정리 3.32**] 임의의 삼각형에 대하여 무게중심은 각각의 중선위에 놓여 있고, 그것을 $2:1$의 비율로 나눈다.

증명 P, Q, R을 삼각형의 세 꼭지점이라 하면,

$$C = \frac{1}{3}(P+Q+R) = \frac{1}{3}P + \frac{2}{3}\left(\frac{1}{2}Q + \frac{1}{2}R\right) \tag{3.13}$$

임을 유의하자. 비슷하게

$$C = \frac{1}{3}Q + \frac{2}{3}\left(\frac{1}{2}P + \frac{1}{2}R\right)$$

이고

$$C = \frac{1}{3}R + \frac{2}{3}\left(\frac{1}{2}P + \frac{1}{2}Q\right)$$

이다. 이것은 C를 모든 세 개의 중선 위에 있는 점으로 나타내게 된다. ◇

삼각형에 대한 합동정리

먼저 각의 합동에 관한 사실들을 증명없이 서술하고 삼각형에 대해 적용해 보기로 하겠다. 정확한 증명은 다른 기하학개론서를 참고하기 바란다.

[**정리 3.33**] 두 각이 합동일 필요충분조건은 그들이 같은 래디안 측도를 가지는 것이다.

서로 다른 두 점에서 두 직선과 만나는 직선을 이들 직선에 대한 **횡단선**이라 한다. l_1과 l_2가 방향벡터 v를 가진 평행선이라 하자. m이 l_1과 l_2와 각각 P_1과 P_2에서 만나는 횡단선이라 가정하자. $Q = P_1 + v$이고 $R = P_2 - v$라 하자. 그러면 $\angle P_2P_1Q$와 $\angle RP_2P_1$은 **엇각**이라 한다. 횡단선은 두 쌍의 엇각을 결정함을 유의하자 (그림 3.16).

[**정리 3.34**] 횡단선이 두 평행선과 만날 때 그들이 결정하는 엇각의 쌍은 합동이다.

이제 유클리드 기하학의 잘 알려진 합동정리들을 증명하자. (가끔 SSS정리라 부르는) 정리 3.35는 대응되는 변이 같은 길이를 같도록 꼭지점들을 짝지을 수 있는 두 개의 삼각형은 합동이어야만 한다는 것을 말한다.

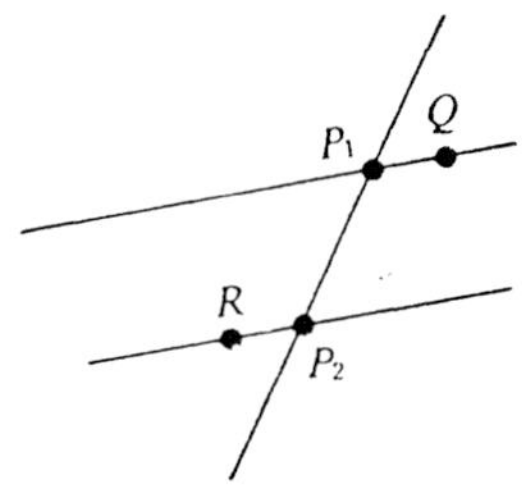

그림 3.16 횡단선은 두 쌍의 엇각을 결정한다.

그림 3.17 SSS 정리

[정리 3.35] $\triangle PQR$과 $\triangle P'Q'R'$이 $d(P,Q) = d(P',Q'), d(P,R) = d(P',R')$과 $d(Q,R) = d(Q',R')$을 만족한다고 하자 : 그림 3.17을 보라. 그러면 $TP = P', TQ = Q'$이고 $TR = R'$인 등거리변환 T가 존재한다.

증명 우리들의 증명 방법은 유클리드의 그것과 같은데, 이는 고대의 증명이 의존했던 "겹침"을 시행하는 등거리변환을 이용한다. 증명은 네 단계로 나뉘어 진다.

1. 주어진 두 직선 l_1, l_2에 대하여, $Tl_1 = l_2$ (즉, $\mathfrak{I}(\mathbb{E}^2)$가 $\mathbb{E}^2$의 직선들에서 추이적)인 등거리변환이 존재한다. 이것을 보이기 위해 만약 $l_1 \parallel l_2$이라면, 이 두 직선의 가운데 놓여 있는 직선에 대한 반사변환은 l_1과 l_2를 교환하게 됨을 유의하자. 한편 l_1이 l_2와 만난다면 그들이 형성하는 각의 이등분선들 중의 어느 것에 대한 반사변환은 l_1과 l_2를 교환한다.

2. 만약 PQ와 $P'Q'$이 같은 길이의 공선 선분이라면 $TP = P'$이고 $TQ = Q'$이 되는 등거리변환이 존재한다. 이것은 $\tau_{P'-P}$ 또는 $H_P \tau_{P'-P}$를 시행함으로써 얻을 수 있다 (문제 33).

3. $d(P,R) = d(P,R')$이고 $d(Q,R) = d(Q,R')$이라 하자. 그러면 $l = \overleftrightarrow{PQ}$를 점별 고

정하고 R을 R'으로 보내는 등거리변환이 존재한다. 실제로 I나 Ω_l이 그러한 것이다.

4. $\overleftrightarrow{PQ}$를 $\overleftrightarrow{P'Q'}$으로 보내는 등거리변환 T_1을 선택하자. 그런 후 T_1P를 P'으로 T_1Q를 Q'으로 보내는 T_2를 선택한다. T_3를 $\overleftrightarrow{P'Q'}$을 점별 고정하고 T_2T_1R을 R'으로 보내는 사상이라 하자. 그러면 $T = T_3T_2T_1$은 요구되는 조건을 만족한다.

◇

유클리드의 또 다른 유명한 주장인 변들이 결정하는 각과 두 변의 길이에 바탕을 둔 소위 말하는 SAS정리 (정리 3.36)를 증명한다. 이것을 증명하기 위하여 소위 코사인 법칙이라는 것을 먼저 유도한다.

[**보조정리 3.2**] P, Q와 R을 $\mathbb{E}^2$의 세 점이라 하자. 그러면 ϑ가 $\angle PQR$의 래디안 측도일 때

$$d(P,R)^2 = d(P,Q)^2 + d(Q,R)^2 - 2d(P,Q)d(Q,R)\cos\vartheta \tag{3.14}$$

가 성립한다.

증명 $x = P - Q, y = R - Q$, 따라서 $x - y = P - R$로 놓고 극화항등식 (문제 2.21)을 적용하자. 또한 식 (3.10)에 의해

$$\cos\vartheta = \frac{\langle P-Q, R-Q\rangle}{|P-Q||R-Q|} \tag{3.15}$$

임을 상기하자. ◇

[**정리 3.36**] $\triangle PQR$과 $\triangle P'Q'R'$을 $d(P,Q) = d(P',Q'), d(Q,R) = d(Q',R')$이고, (래디안 측도에서) $\angle PQR = \angle P'Q'R'$인 삼각형들이라 하자. 그러면 $TP = P', TQ = Q'$이고 $TR = R'$인 등거리변환 T가 존재한다.

증명 두 삼각형 모두에 코사인의 법칙을 적용하자. 주어진 조건에 의하면 식 (3.14)의 우변은 같다. 그러므로 $d(P,R) = d(P',R')$이고 SSS정리 (정리 3.35)를 적용할 수 있다. ◇

[**따름정리 3.5**] 이등변 삼각형의 밑각은 합동이다.

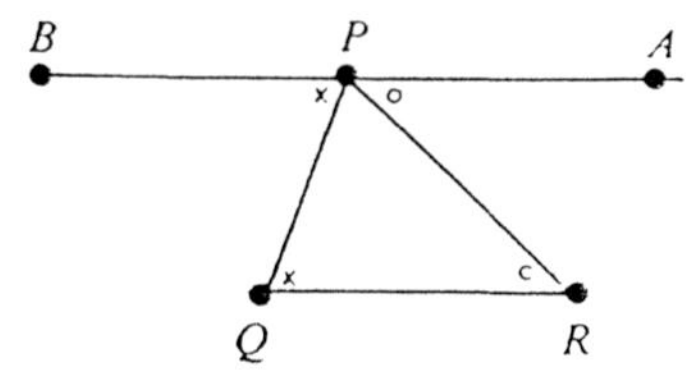

그림 3.18 정리 3.37. 삼각형의 각의 합은 π이다

증명 $d(P,Q) = d(Q,R)$일 때 $\triangle PQR$과 $\triangle RQP$에 SAS정리 (정리 3.36)를 적용하라. ◇

삼각형에 대한 각의 합

이 절의 주 결과는 다음 정리이다.

[**정리 3.37**] 임의의 삼각형에서 세 각의 래디안 측도의 합은 π와 같다.

증명 PQR을 삼각형이라 하자. 그러면 $\overleftrightarrow{QR}$에 평행이고 P점을 지나는 유일한 직선은 $A = P+R-Q$이고 $B = P+Q-R$일 때 $\overrightarrow{PA}$와 $\overrightarrow{PB}$의 합이다. 정리 3.29에 의해 $\angle BPR$의 래디안 측도는 $\angle BPR$과 $\angle APR$이 서로 보각일 때에 $\angle BPQ$와 $\angle RPQ$의 래디안 측도의 합과 같다. 마지막으로 정리 3.33과 3.34를 엇각의 쌍 $\angle BPQ \simeq \angle PQR$과 $\angle APR \simeq \angle PRQ$에 적용하면 정리의 증명을 맺을 수 있다. 이 구성은 그림 3.18에 보여져 있다. ◇

[**따름정리 3.6**] 삼각형의 두 각이 다른 삼각형의 두 각에 각각 합동이라면 나머지 각들도 역시 합동이다

참고 우리가 비유클리드 평면기하학을 공부할 때, 정리 3.37은 비유클리드 평면에서는 맞지 않는 몇 가지 결과중의 하나라는 것을 발견하게 될 것이다. 실제로 공리론적 접근방법으로 부터 이 범주는 유클리드와 비유클리드 평면을 구별하는데 쓰여 질 수 있다.

연습문제

1. 주어진 아핀변환들의 고정점과 불변선을 찾아라.

   i. $A = \begin{pmatrix} 2 & -1 \\ 1 & 4 \end{pmatrix}, \quad b = \begin{pmatrix} 1 \\ 0 \end{pmatrix}.$

   ii. $A = \begin{pmatrix} 1 & -2 \\ 4 & 1 \end{pmatrix}, \quad b = \begin{pmatrix} 1 \\ -2 \end{pmatrix}.$

   iii. $A = \begin{pmatrix} 2 & 1 \\ 1 & 5 \end{pmatrix}, \quad b = \begin{pmatrix} 0 \\ -5 \end{pmatrix}.$

2. 정리 3.3의 증명을 다음의 단계에 의해 증명하라.

   (a) f를 $f(0) = 0$인 공선사상이라 하자. 만약 v와 w가 비례적이 아닌 벡터들이라면,
   $$f(v+w) = f(v) + f(w)$$
   이 성립한다.

   (b) $\varphi : \mathbb{R} \to \mathbb{R}$을 모든 실수 s, t에 대해, 조건들
   $$\varphi(s+t) = \varphi(s) + \varphi(t), \varphi(st) = \varphi(s)\varphi(t)$$
   를 만족하는 전단사함수라 하자. 그러면 φ는 항등함수이다.

   (c) f를 $f(0) = 0, f(\varepsilon_1) = \varepsilon_1$이고, $f(\varepsilon_2) = \varepsilon_2$인 공선사상이라 하자. 그러면 f는 항등함수이다.

   (d) 정리 3.9를 이용해, 주어진 공선사상 T에 대해, $0, \varepsilon_1$과 ε_2에서 같은 효과를 나타내는 아핀변환 S를 구성하라. 그러면 $S^{-1}T$는 $0, \varepsilon_1$과 ε_2를 고정하는 공선사상임을 보이고, (c)에 의해 $S^{-1}T$는 반드시 항등사상이므로 정리 3.3이 성립함을 결론지어라.

3. 정리 3.5를 증명하라.

4. T를 축 m을 가진 미끄럼 반사변환이라 하자. 직선 $l \neq m$이 $Tl \parallel l$을 만족시키기 위한 필요충분조건은 $l \parallel m$ 또는 $l \perp m$인 것이다.

5. l을 $\mathbb{E}^2$의 직선이라 하자. G를 $Tl = l$을 만족하는 $\mathbb{E}^2$의 등거리변환 T의 집합이라 하자. G의 원소들을 구체적으로 기술하라.

6. i. 중심이 O인 원을 불변시키는 아핀변환의 형태를 구하라. (이것을 회전변환이라 한다.)

   ii. 주어진 교차하는 두 개의 직선에 대해, 하나를 다른 하나로 보내는 유일한 회전변환이 있음을 증명하라.

   iii. 두 개의 평행한 직선에 대해, 하나를 다른 하나로 보내는 평행이동이 존재함을 보여라. 이것은 유일한가 ?

   iv. 쌍곡선 $xy = 1$을 불변시키는 아핀변환을 구하라.

   v. 닮음변환의 구체적인 식을 구하라.

7. i. $\mathbb{R}^2$에서 $(1,2), (3,6), (-2,-4)$를 각각 $(-1,-1), (0,0), (2,2)$로 옮기는 아핀변환은 존재하는가 ? 그렇다면 변환식을 구하라.

   ii. $\mathbb{R}^2$에서 $(0,h)$를 $\left(\frac{1}{2}, h\right)$로 보내고, 점 $(-1,0), (1,0)$을 고정점으로 하는 아핀변환을 구하라. (단, $h \neq 0$)

8. $y^2 = x$를 그 자신으로 보내고 원점 O를 점 $(2,2)$로 보내는 아핀변환을 구하라.

9. 각각의 아핀변환이 3×3 행렬에 관련된 정리 3.6의 다음에 묘사된 사상은 **AF(2)**에서 **GL(3)**로의 단사 준동형사상임을 증명하라.

10. 선형대수를 이용하여 정리 3.8 (ii)를 직접계산으로 증명하라.

11. 모든 일반적인 반사변환은 아핀 반사변환임을 보이는 식 (3.4)를 증명하라.

12. 정리 3.13 다음에 나오는 참고에 있는 명제를 증명하라.

13. 만약 $\mathbb{R}^2$에 있는 모든 벡터가 2×2 행렬 A의 고유벡터라 한다면, A는 항등행렬의 배수임을 보여라.

14. 정리 3.18을 증명하라.

15. 래디안 측도의 정의 다음에 나오는 주의를 확인하라.

16. 정리 3.20을 증명하라.

17. $P = (1, 2), Q = (0, 0)$이고 $R = (2, 1)$이라 하자. $\angle PQR$의 래디안 측도는 $\cos^{-1}\dfrac{4}{5}$임을 보여라.

18. 평각의 이등분선을 그것의 꼭지점과 그것의 팔의 단위 방향벡터에 의해 구하라.

19. 영각의 이등분선은 무엇인가 ?

20. 만약 $\overrightarrow{QX}$가 각 $\angle PQR$의 이등분선이라면, $\angle PQX$와 $\angle RQX$는 같은 래디안 측도 즉, $\angle PQR$의 측도의 반을 가짐을 증명하라.

21. 문제 20의 사선 $\overrightarrow{QX}$는 거기에서 서술한 성질을 가진 유일한 사선임을 보여라.

22. 원점이 P인 사선을 고정하는 P에 대한 회전변환은 항등변환이어야만 함을 보여라.

23. 다음 점들의 집합의 무게중심을 계산하라 : $\{(1, 4), (2, 4), (1, 0), (2, 0), (9, 7)\}$.

24. 아핀변환은 세 공점선을 공점선으로 보냄을 증명하라.

25. 임의의 두 직선을 교환하는 반사변환이 존재함을 밝혀라. 그것은 유일한가 ?

26. 무게중심좌표는 잘 정의되었음을 증명하라.

27. 참고 삼각형 $P = (-1, 0), Q = (1, 0), R = (0, 1)$에 대해 점 $(0, 0), (1, 1), (\sqrt{2}, \sqrt{2}), (0, 5), (2, -1), (-\frac{1}{2}, -\frac{1}{3})$의 무게중심좌표를 구하라.

28. a, b와 c를 모두가 0은 아닌 세 수라 하자. 무게중심좌표가 $a\lambda + b\mu + c\nu = 0$을 만족하는 모든 점들의 집합은 직선임을 보여라.

29. P를 점이라 하고 N을 단위벡터라 하자. $\{X \mid \langle X - P, N\rangle \geq 0\}$은 반평면임을 보여라.

30. 정리 3.27을 증명하라.

31. 각의 내부에 있는 모든 점들은 각의 팔의 점들을 연결하는 선분위에 놓여 있음을 증명하라.

32. 각의 내부에 있는 모든 점들은 삼각형의 두 변 위에 있는 점들을 연결하는 선분위에 있음을 증명하라.

33. PQ와 $P'Q'$이 같은 길이를 갖는 공선선분이라 하면 $\tau_{P'-P}$ 또는 $H_{P'}\tau_{P'-P}$는 PQ를 $P'Q'$으로 보냄을 증명하라.

34. P, Q, R과 R'을 $d(P,R) = d(P,R')$이고 $d(Q,R) = d(Q,R')$인 네 개의 서로 다른 점이라 하자. $l = \overleftrightarrow{PQ}$일 때 $R' = \Omega_l R$임을 증명하라.

35. T를 아핀변환이라 하고 l을 직선이라 하자. 점 $M = \dfrac{1}{2}(P + TP)$ (P는 l위를 움직인다)들은 모두 다르고 공선점이거나 또는 그들 모두 일치한다. M의 궤적을 P와 l이 결정하는 자료에 의해 표현하라. 이 결과를, 비록 모든 처리가 T가 등거리변환임을 가정하긴 하지만, Hjelmslev의 정리라 부른다.

36. 만약 $[C_1; P_1 \longrightarrow Q_1] = [C_2; P_2 \longrightarrow Q_2]$라면 이 질문에 있는 점들 사이에 어떤 관계가 성립해야만 하는가 ?

37. 아핀변환이 세 개의 공점선적 고정점을 갖는다고 가정하자. 그것이 중심 확대 변환임을 증명하라.

38. 정리 3.13의 용어를 확장하여, $\lambda \in \mathbb{R}$와 $v \in \mathbb{R}^2$에 대해,

$$s_{\lambda,v} = \tau_v s_\lambda$$

라 놓자.

i. $w = s_{\lambda,u}v$일 때, 항등식

$$s_{\lambda,u}s_{\mu,v} = s_{\lambda+\mu,w}$$

임을 보여라. 따라서 모든 $s_{\lambda,v}$의 집합은 군임을 보여라.

ii. $s_{\lambda,v}$가 수평축을 가진 층밀림 변환이기 위한 필요충분조건은 $[v] = [\varepsilon_1]$인 것임을 보여라.

iii. 수평축을 가진 모든 층밀림 변환은 형태 $s_{\lambda,v}$로 쓸 수 있음을 보여라.

iv. $\{s_{\lambda,v} \mid \langle v, \varepsilon_2 \rangle = 0\}$은 군임을 보여라. ($\lambda = 0$인 경우도 포함되어 있다.)

39. $\mathfrak{s}_1$과 $\mathfrak{s}_2$를 평행한 선분이라 하자. $\mathfrak{s}_1$을 $\mathfrak{s}_2$로 보내는 중심확대변환을

i. 기하학적 구성에 의해 구하고,

ii. 주어진 선분들의 양 끝점에 관해 구하라.

하나 이상의 그러한 확대변환이 존재할 수 있는가 ?

40. 직교성을 보존하는 아핀변환은 반드시 닮음변환임을 증명하라.

41. Pasch의 정리를 증명하라 : 직선이 삼각형의 한 변과 만난다면, 그것은 또한 다른 변들 중의 하나와 만나야만 한다.

42. $\triangle PQR$을 삼각형이라 하자. F를 P로부터 $\overleftrightarrow{QR}$에 내린 수선의 발이라 하자. F가 Q와 R의 사이에 있을 필요충분조건은 $\angle PQR$과 $\angle PRQ$가 예각인 것임을 보여라.

43. P와 Q를 서로 다른 점이라 하자. $\overrightarrow{PQ} \cap \overrightarrow{QP} = PQ$임을 증명하라.

44. T를 정리 3.31에 있듯이 $\triangle PQR$을 $\triangle P'Q'R'$으로 보내는 아핀변환이라 하자. 다음 사실들을 증명하라 :

i. 임의의 $X \in \mathbb{E}^2$에 대하여 $\triangle P'Q'R'$을 참고 삼각형으로 한 TX의 무게중심좌표는 $\triangle PQR$을 참고 삼각형으로 한 X의 그것들과 같다.

ii. 만약

$$\begin{aligned} P' &= a_{11}P + a_{21}Q + a_{31}R \\ Q' &= a_{12}P + a_{22}Q + a_{32}R \\ R' &= a_{13}P + a_{23}Q + a_{33}R \end{aligned}$$

이 성립하면 ($\triangle PQR$이 참고도형인) $X' = TX$의 무게중심좌표는 방정식

$$\begin{pmatrix} \lambda' \\ \mu' \\ \nu' \end{pmatrix} = \begin{pmatrix} a_{11} & a_{12} & a_{13} \\ a_{21} & a_{22} & a_{23} \\ a_{31} & a_{32} & a_{33} \end{pmatrix} \begin{pmatrix} \lambda \\ \mu \\ \nu \end{pmatrix}$$

에 의해 X의 그것들과 연관지어진다.

45. Heron의 정리를 증명하라 : l을 직선이라 하고 P와 Q를 l위에 있지 않은 점들이라 하자. $Q' = \Omega_l Q$이면, l위의 모든 점 X중에서 양 $d(P, X) + d(X, Q)$는 X가 선분 PQ위에 있거나 X가 선분 PQ'위에 있을 때 최소값이다.

46. 정리 3.26과 3.29를 완성하라.

제 4 장 구면 기하학

고전기하학에서는 구면은 Euclid 평면상의 원과 비슷하게 3 차원 Euclid 공간상의 도형으로 관찰되었다. 그러나 원은 평면에 관련해서만 관심이 있다. 직선과 단위원 사이의 국소 등거리변환인 사상 $\vartheta \mapsto e^{i\vartheta}$가 성립하므로 원의 고유구조는 국소적으로 직선의 그것과 같다. 이에 반해 구면은 평면과 국소적으로 등거리변환을 만들지 못하고, 따라서 독립적 구조로서 관심이 있다. 이 고유구조는 구면을 비 Euclid 기하학의 첫번째 예가 되게 한다. (실제로 구면에서는 Euclid의 평행선 공준이 성립되지 않는다. 그러한 조건을 만족하는 직선은 존재하지 않는다. 이것을 후에 증명 할 것이다.)

구 $\mathbb{S}^2$의 모든 고유성질은 주변공간인 $\mathbb{R}^3$의 그것으로부터 상속된다. 예를 들어 $\mathbb{S}^2$의 등거리변환은 원점을 고정하는 $\mathbb{R}^3$의 등거리변환임이 판명된다. 따라서 실제로는 구 $\mathbb{S}^2$의 비 Euclid 기하학은 $\mathbb{R}^3$의 Euclid 기하학에 의해 서술될 수 있다.

4.1 $\mathbb{E}^3$로부터의 예비지식

물론 $\mathbb{E}^2$의 기하학과 유사한 3 차원 유클리드 기하학이 있는데 그 자체로써 연구의 가치가 있다. 그러나 여기서는 우리들의 관심을 2 차원 기하학에 제한하겠다. 이 기하학들의 다소간을 $\mathbb{E}^3$의 부분 집합으로 생각하는 것이 계산상 목적을 위해서 편리하고, 따라서 $\mathbb{E}^3$의 기하학에 관한 몇 가지 사실들을 살펴 볼 것이다. 2.1절에서 Euclid 공간 $\mathbb{E}^n$을 정의하였다. $n = 3$으로 놓으면, 우리가 원하는 $\mathbb{E}^3$에 대한 벡터합, 스칼라 곱, 내적, 길이함수등을 얻는다. 따라서 특별한 언급이 없으면 이 절의 모든 점과 벡터는 $\mathbb{E}^3$상에서 주어진다. 이에 관련된 기타의 성질들은 물론 Pythagoras 정리 (정리 1.8)도 성립한다. 그러나 $v^\perp$의 정의는 $\mathbb{E}^2$에서와는 약간 다르다. 대신 다음의 외적을 갖게 된다.

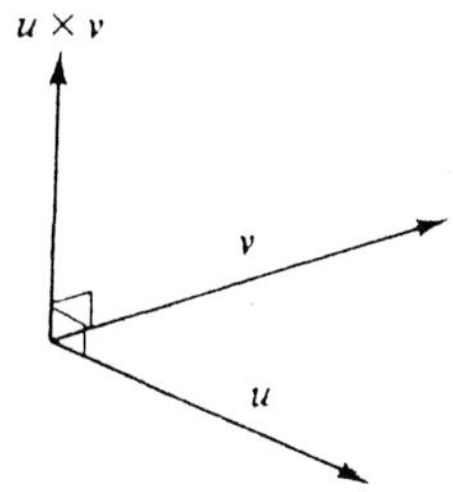

그림 4.1 외적 $u \times v$..

외적

두 개의 주어진 벡터에 수직인 벡터를 구하는 문제는 다음과 같이 풀 수 있다.

[**정의 4.1**] $u = (u_1, u_2, u_3)$와 $v = (v_1, v_2, v_3)$를 $\mathbb{R}^3$의 벡터라 하고, $\{\varepsilon_1, \varepsilon_2, \varepsilon_3\}$를 $\mathbb{R}^3$의 표준기저벡터라 하자. 그러면 **외적** $u \times v$는

$$u \times v = \det \begin{pmatrix} \varepsilon_1 & \varepsilon_2 & \varepsilon_3 \\ u_1 & u_2 & u_3 \\ v_1 & v_2 & v_3 \end{pmatrix}$$

로 주어지는 벡터이다 (그림 4.1).

[**정리 4.1**] i. $u \times v$는 잘 정의되었다.

ii. $\langle u \times v, u \rangle = \langle u \times v, v \rangle = 0$. (그림 4.1을 보라.)

iii. $u \times v = -v \times u$.

iv. $\langle u \times v, w \rangle = \langle u, v \times w \rangle$.

v. $(u \times v) \times w = \langle u, w \rangle v - \langle v, w \rangle u$.

증명 따름정리 1.3에 의하면, 함수 det는 기저의 선택에 상관없이 잘 정의되었다. 따라서 $u \times v$도 u, v의 표현에 관계없이 잘 정의된다. 항등식 (ii) – (iv)는 행렬식의 성질들로부터 쉽게 유도될 수 있다. 한편, (벡터의 삼중적으로 불리는) (v)는 약간 복잡한데 자세한 계산은 선형성을 살펴보는 것으로 피할 수 있다. 먼저

$$\varepsilon_1 \times \varepsilon_2 = \varepsilon_3, \quad \varepsilon_2 \times \varepsilon_3 = \varepsilon_1 \ \text{이고} \ \varepsilon_3 \times \varepsilon_1 = \varepsilon_2$$

임을 관찰하라. 따라서

$$\begin{aligned}(\varepsilon_1 \times \varepsilon_2) \times \varepsilon_3 &= 0 = \langle \varepsilon_1, \varepsilon_3 \rangle \varepsilon_2 - \langle \varepsilon_2, \varepsilon_3 \rangle \varepsilon_1, \\ (\varepsilon_2 \times \varepsilon_3) \times \varepsilon_3 &= -\varepsilon_2 = \langle \varepsilon_2, \varepsilon_3 \rangle \varepsilon_3 - \langle \varepsilon_3, \varepsilon_3 \rangle \varepsilon_2, \\ (\varepsilon_3 \times \varepsilon_1) \times \varepsilon_3 &= \varepsilon_1 = \langle \varepsilon_3, \varepsilon_3 \rangle \varepsilon_1 - \langle \varepsilon_1, \varepsilon_3 \rangle \varepsilon_3\end{aligned}$$

를 얻는다. 선형성에 의해,

$$(u \times v) \times \varepsilon_3 = \langle u, \varepsilon_3 \rangle v - \langle v, \varepsilon_3 \rangle u$$

를 얻게 된다. 대칭성에 의해 ε_3가 ε_1이나 ε_2로 대체되더라도 유사한 등식이 성립한다. 마지막으로 선형성에 의해

$$(u \times v) \times w = \langle u, w \rangle v - \langle v, w \rangle u$$

가 된다. ◇

[따름정리 4.1] i. $u \times v = 0$이기 위한 필요충분조건은 u와 v가 비례적인 것이다.

ii. 만약 $u \times v \neq 0$라면, $\{u, v, u \times v\}$는 $\mathbb{R}^3$에 대한 기저이다.

iii. $\langle u \times v, w \times z \rangle = \langle u, w \rangle \langle v, z \rangle - \langle v, w \rangle \langle u, z \rangle$.

iv. $|u \times v|^2 = |u|^2 |v|^2 - \langle u, v \rangle^2$.

(iv)는 Lagrange 항등식인데, Cauchy-Schwarz 부등식의 다른 증명을 유도한다.

증명 (i), (iii)과 (iv)는 정리의 결과로부터 쉽게 유도된다. (ii)에 대해서는 문제에 있는 벡터의 집합이 일차 독립이라는 것을 보일 것이다. 그러면 선형대수학으로부터의 일반적 결과들이 적용될 수 있다. 이제 만약

$$\lambda u + \mu v + \nu(u \times v) = 0$$

을 만족하는 수 λ, μ, ν가 존재한다면, $u \times v$와의 내적을 취하여

$$\nu |u \times v|^2 = 0$$

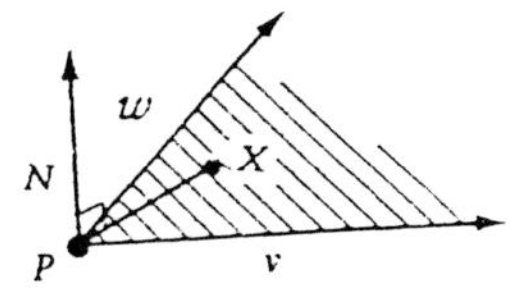

그림 4.2 법선벡터가 N인 P를 지나는 직선.

을 얻고, 따라서 $\nu = 0$이다. 더욱이, v와 u의 각각과 외적을 취하면

$$\lambda(u \times v) = 0, \quad \mu(v \times u) = 0$$

을 얻고, 따라서 $\lambda = \mu = 0$이다. ◇

평면

평면은 다음 성질들을 만족하는 $\mathbb{E}^3$의 점들의 집합 Π이다.

i. Π는 임의의 직선에 포함되어 있지 않다.

ii. $\mathbb{E}^3$의 모든 점이 Π에 있지 않다.

iii. Π의 임의의 두 점을 연결하는 직선은 Π에 놓여 있다.

[정리 4.2] i. 만약 v와 w가 비례적이 아니고, P가 임의의 점이라면 $P+[v,w]$는 평면이다. 즉, $\{v,w\}$에 의해 생성된 P를 지나는 평면이라 말한다. 여기서 $[v,w] = \{tv + sw \,|\, t,s \in \mathbb{R}\}$는 $\{v,w\}$에 의해 **생성**된 벡터공간을 말한다.

ii. 만약 P, Q와 R이 공선점이 아닌 점이라면, 이 점들을 포함하는 유일한 평면 Π가 존재한다. 이 경우에는 평면 PQR이라 한다.

iii. 만약 N이 단위벡터이고 P가 $\mathbb{E}^3$의 점이면 $\{X \,|\, \langle X - P, N\rangle = 0\}$은 평면이다. 이것은 법선 벡터가 N인 P를 지나는 평면이다. 그림 4.2를 보라.

증명

i. $\alpha = P + [v,w]$가 (i)에 서술된 집합이라 하자. α가 평면임을 보이자. 먼저, $Q = P + v$이고 $R = P + w$라 놓자. 그러면 $Q - P$와 $R - P$가 비례적이 아니므

로 점들 P, Q와 R은 공선점이 아니고 α는 어떤 직선에도 포함되지 않는다. 둘째로 만약 $X = P + v \times w$라면, $\{v, w, v \times w\}$가 일차독립 집합이므로 $X \notin \alpha$임을 알 수 있다. 따라서 $\mathbb{E}^3$의 모든 점들이 α에 있는 것은 아니다. 세 번째로,

$$X = P + x_1 v + x_2 w, \quad Y = P + y_1 v + y_2 w$$

를 α의 점들이라 놓고, t를 임의의 실수라 하자. 그러면

$$(1-t)X + tY = P + ((1-t)x_1 + ty_1)v + ((1-t)x_2 + ty_2)w$$

가 된다. 이것은 $\overleftrightarrow{XY}$의 일반적인 점을 α의 원소로서 나타내고, α가 평면이라는 사실을 말한다.

ii. P, Q와 R을 공선점이 아닌 점이라 하자. $v = Q - P$이고 $w = R - P$라 놓자. 그러면 (i)에 의해 $P + [v, w]$는 P, Q와 R을 포함하는 평면이다. 이제 이 평면이 유일함을 보인다. $\tilde{\Pi}$를 P, Q와 R을 포함하는 임의의 평면이라 하자. 그러면

$$\begin{aligned} P + \lambda v + \mu w &= P + \lambda(Q-P) + \mu(R-P) \\ &= (1-\lambda-\mu)P + \lambda Q + \mu R \\ &= (1-\lambda-\mu)P + (\lambda+\mu)\left(\frac{\lambda}{\lambda+\mu}Q + \frac{\mu}{\lambda+\mu}R\right) \end{aligned}$$

이 된다. 이것은

$$X = \frac{\lambda}{\lambda+\mu}Q + \frac{\mu}{\lambda+\mu}R$$

이 $\overleftrightarrow{QR}$ 위의 점일 때, $P + [v, w]$의 임의의 점들을 직선 $\overleftrightarrow{PX}$의 점으로서 나타낸다. 그러나 만약 $\tilde{\Pi}$가 $P + [v, w]$에 있지 않은 점 S를 포함한다면, $\{S - P, v, w\}$는 일차독립인 집합이다. 만약 Z가 $\mathbb{E}^3$의 임의의 점이라면, 적당한 λ, μ, ν에 대해,

$$Z - P = \lambda v + \mu w + \nu(S - P)$$

가 된다.

$$Z = \nu S + (1-\nu)\left(P + \frac{\lambda}{1-\lambda}v + \frac{\mu}{1-\nu}w\right)$$

가 성립함을 보일 수 있는데, 이것은 $\mathbb{E}^3$의 모든 점이 S에서 $\tilde{\Pi}$의 점을 연결하는 직선위에 있다는 것을 보인다. 이것은 $\tilde{\Pi}$가 $\mathbb{E}^3$의 모든 점을 포함하지 않으므로

불가능하다. 따라서 $\tilde{\Pi} = P + [v, w]$이고, P, Q, R을 포함하는 평면은 유일하다고 말할 수 있다.

iii. 마지막으로 평면의 특성화 (i)과 (ii)를 관련시켜 보자. 단위법선 N이 주어져 있다고 가정하자. 그러면 (정리 1.10에 의해) v와 w를 $\{N, v, w\}$가 정규직교기저가 되도록 선택할 수 있다. 임의의 $X \in \mathbb{E}^3$에 대해 정리 1.11에 의해

$$X - P = \langle X - P, N\rangle N + \langle X - P, v\rangle v + \langle X - P, w\rangle w$$

라 쓸 수 있는데, 이것은 $X - P$가 $[v, w]$에 놓여 있기 위한 필요충분조건은 $\langle X - P, N\rangle = 0$인 것임을 보인다. 따라서, $\{X \,|\, \langle X - P, N\rangle = 0\}$은 평면이다.

◇

4.2 결합기하학과 삼각부등식

구의 결합기하학

우리가 기하학을 다루게 될 구 $\mathbb{S}^2$는

$$\mathbb{S}^2 = \{x \in \mathbb{E}^3 \,|\, |x| = 1\}$$

로 주어진다. 만약 $\mathbb{S}^2$의 한 점에서 시작하여 그 면위를 똑바르게 진행한다면 대원을 그리게 된다. $\mathbb{E}^3$에 있는 집합으로 보았을 때 이것은 $\mathbb{S}^2$와 원점을 지나는 평면과의 공통부분이다. 그러나 $\mathbb{S}^2$위의 벌레의 개념으로부터 이 대원을 **직선**이라 부르는 것이 더 합당하다. 이것이 다음 정의에 대한 동기이다.

[**정의 4.2**] ξ를 단위벡터라 하자. 그러면

$$l = \{x \in \mathbb{S}^2 \,|\, \langle \xi, x\rangle = 0\}$$

을 **극 ξ를 가진 직선**이라 부른다. 또한 이 l을 **ξ의 극직선**이라 부른다.

참고 구면 기하학은 비유클리드 기하학이다. 이것은 도형을 도표에 의해서 표현할 때마다 변형이 피할 수 없다는 것을 의미한다. 하나의 관점, 즉 직선의 곧음성을 충

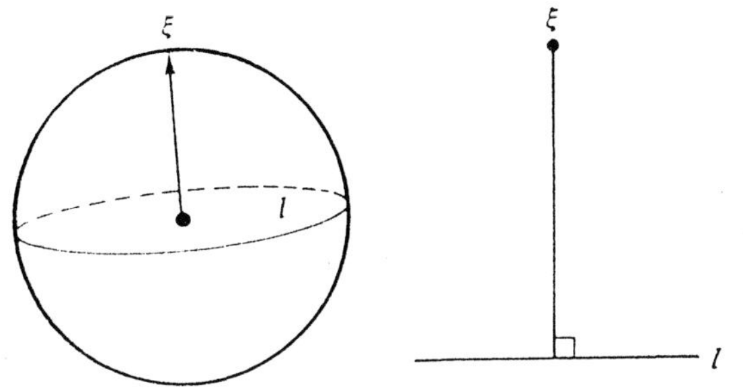

그림 4.3 점 ξ와 그것의 극직선 l의 두 관점

실하게 표현하는 도표들은 다른 관점, 즉 길이나 각들을 변형시킬 것이다. 그림 4.3은 점과 그것의 극직선에 대한 두 가지의 사고를 보여 준다.

$\mathbb{S}^2$위의 두 개의 점 P와 Q는 그 둘이 만약 $P = -Q$가 된다면 **원점에 대칭**이라고 한다. $\mathbb{S}^2$의 직선들은 평행이 될 수 없고, 두 직선은 원점에 대칭인 점의 쌍에서 만난다. 또한 원점에 대칭인 두 점은 유일한 직선을 결정하지 못한다. 즉, $\mathbb{S}^2$는 Euclid 공준 I을 만족하지 않는다. 다음의 사실들에 대한 증명은 독자에게 맡긴다.

[**정리 4.3**] i. 만약 ξ가 l의 극이라면, 그것의 원점 대칭점 $-\xi$도 그렇다.

ii. 만약 P가 l위에 있다면, 그것의 원점 대칭점 $-P$도 그렇다.

그러나, 한번 이 사실들이 주지되면 더 이상의 변칙적인 것은 없고, 유클리드의 결과들과 유사한 다음과 같은 결과를 얻는다.

[**정리 4.4**] P와 Q를 서로 원점 대칭이 아닌 $\mathbb{S}^2$의 점이라 하자. 그러면 P와 Q를 포함하는 유일한 직선 $\overleftrightarrow{PQ}$가 존재한다.

증명 $\overleftrightarrow{PQ}$에 대한 후보를 결정하기 위하여 극 ξ가 필요하다. 이것은 P와 Q 모두에 수직인 단위 벡터이어야만 한다. P와 Q가 원점에 대칭이 아니므로 ξ를 $\dfrac{P \times Q}{|P \times Q|}$와 같게 선택할 수 있다. 분명히 극이 ξ인 직선은 P와 Q를 통과한다.

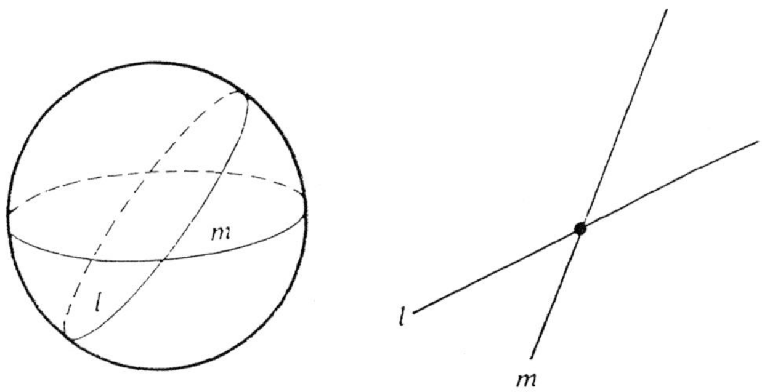

그림 4.4 두 개의 교차하는 직선 l과 m의 두 형태

이제 유일성을 생각하자. 만약 η가 P와 Q를 지나는 임의의 직선의 극이라면,

$$\langle \eta, P\rangle = \langle \eta, Q\rangle = 0$$

이 성립해야만 한다. 따라서 정리 4.1에 있는 세 짝곱에 의해

$$\eta \times (P \times Q) = 0$$

이고, 따라서 η는 0이 아닌 벡터 $P \times Q$의 배수이다. $|\eta| = 1$이므로 $\eta = \pm\xi$이어야만 한다. 그러므로 $\overleftrightarrow{PQ}$는 유일하게 결정된다. ◇

[**정리 4.5**] l과 m을 $\mathbb{S}^2$의 서로 다른 직선이라 하자. 그러면 l과 m은 정확히 두 개의 교점을 갖고 이 교점들은 원점에 대칭이다. (그림 4.4를 보라.)

증명 ξ와 η를 각각 l과 m의 극이라 하자. l과 m이 서로 다르므로 $\xi \neq \pm\eta$이고, 따라서 $\xi \times \eta \neq 0$이다. 그러나 분명히 두 점 $\pm\dfrac{\xi \times \eta}{|\xi \times \eta|}$ 모두는 공통부분에 놓여 있다. 하지만, 임의의 세 번째 점은 앞의 정리의 유일성 부분에 의해 기껏해야 l과 m의 하나에만 놓일 수 있다. ◇

[**따름정리 4.2**] $\mathbb{S}^2$의 어느 두 직선도 평행할 수 없다. 즉, $\mathbb{S}^2$에서는 Euclid 평행공준이 성립하지 않는다.

참고 공통수선을 갖는 직선들조차 교차하게 된다. 그림 4.5를 보라.

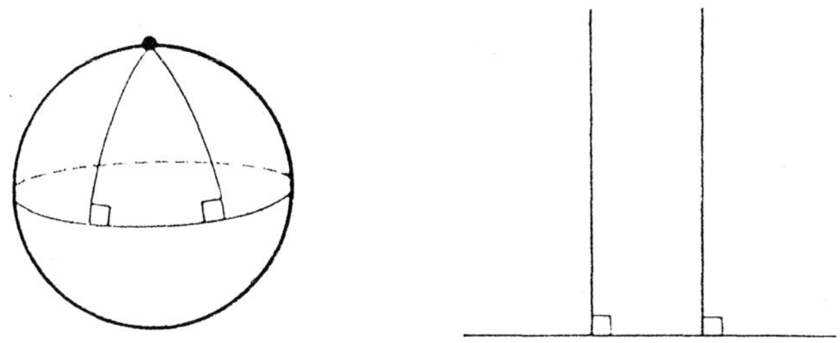

그림 4.5 공통수선을 갖는 직선들조차 평행하지 않은 두 경우.

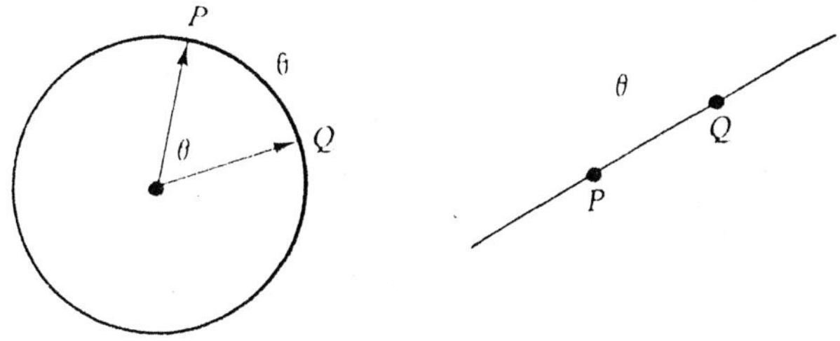

그림 4.6 구면 기하학에서의 거리의 두 경우.

거리와 삼각부등식

$\mathbb{S}^2$의 두 점 P와 Q사이의 (직선)거리 $d_s(P,Q)$는

$$d_s(P,Q) = \cos^{-1}\langle P,Q\rangle \tag{4.1}$$

로 정의된다. 이 정의는 호 PQ(즉, P,Q를 지나는 대원–여기서는 직선–의 일부)에 의해 구의 중심에 대하는 각의 측도는 호의 길이와 수치적으로 같아야 한다는 사실을 반영한다. 그림 4.6을 보라. 다음 정리는 정리 2.1과 비교된다.

[**정리 4.6**] 만약 P,Q와 R이 $\mathbb{S}^2$의 점들이라면,

i. $d_s(P,Q) \geq 0$.

ii. $d_s(P,Q) = 0 \iff P = Q$.

iii. $d_s(P,Q) = d_s(Q,P)$.

iv. $d_s(P,Q) + d_s(Q,R) \geq d_s(P,R)$ (삼각부등식).

증명 성질 (i) – (iii)은 Cauchy-Schwarz 부등식과 $\cos^{-1}$ 함수로부터 나온다. 이제 우리의 관심을 삼각부등식에 집중하겠다. $r = d_s(P,Q), p = d_s(Q,R)$이고 $q = d_s(P,R)$이라 하자. Cauchy-Schwarz 부등식에 의해

$$\langle P \times R, Q \times R\rangle^2 \leq |P \times R|^2 |Q \times R|^2$$

을 얻는다. 따름정리 4.1을 적용하면 왼변은

$$(\langle P,Q\rangle\langle R,R\rangle - \langle P,R\rangle\langle R,Q\rangle)^2 = (\cos r - \cos q \ \cos p)^2$$

이 되고, 오른변은

$$\begin{aligned}(1-\langle P,R\rangle^2)(1-\langle Q,R\rangle^2) &= (1-\cos^2 q)(1-\cos^2 p) \\ &= \sin^2 q \sin^2 p.\end{aligned}$$

가 된다. 따라서,

$$\cos r - \cos q \cos p \leq \sin q \sin p$$

이고, 그러므로

$$\cos r \leq \cos(q-p)$$

가 된다. 코사인 함수가 $[0,\pi]$에서 감소하므로 $r \geq q-p$이고, 그러므로 $0 \leq q-p \leq \pi$이기만 하면 $r+p \geq q$이다. 그러나 만약 $q-p < 0$이면, 어느 경우건 $q < p \leq r+p$이다. 더욱이, $q-p > \pi$는 불가능하다. 따라서 원하는 대로

$$d_s(P,Q) + d_s(Q,R) \geq d_s(P,R)$$

을 얻게 된다. ◇

[**따름정리 4.3**] (iv)에서 등식이 성립하면 P, Q와 R은 공선점이다.

증명 (iv)의 증명에서, $r = q-p$는 Cauchy-Schwarz 부등식이 등식임을 유도한다. 따라서 $P \times R$과 $Q \times R$은 비례적이다. $P \times R \neq 0$이라 가정하면 (그렇지 않으면

P, Q와 R은 자동적으로 공선점이다), 직선 $\overleftrightarrow{PR}$의 극은 $P \times R$과 비례적이고, 따라서 $Q \times R$과 비례적이다. 이것은 Q가 $\overleftrightarrow{PR}$ 위에 놓여 있음을 보여 준다. ◇

참고 $\mathbb{E}^2$의 경우에 Q는 P와 R의 사이에 있다는 결론을 얻는다 (정리 2.3). 구면 기하학에서는 만약 정확한 정의를 만든다면 비슷한 결과가 성립됨을 보일 것이다. (이 장의 정리 4.10을 보라.)

4.3 직선과 각

직선의 매개변수표현

$\mathbb{E}^2$에서와 꼭 같이 직선을 매개변수형태로 표현하는 것이 종종 편리하다. l이 극 ξ를 가진 직선이라 가정하자. P와 Q가 $\{\xi, P, Q\}$가 정규직교기저가 되도록 선택되었다 하고, 다음과 같은 식을 생각하자 :

$$\alpha(t) = (\cos t)P + (\sin t)Q \tag{4.2}$$

[정리 4.7] i. $l = \{\alpha(t) \mid t \in \mathbb{R}\}$.

ii. l의 임의의 점은 t가 반열린구간 $[0, 2\pi)$를 움직일 때에 $\alpha(t)$의 값으로서 정확히 한번 나타난다.

iii. 만약 $0 \leq |t_1 - t_2| \leq \pi$이면, $d_s(\alpha(t_1), \alpha(t_2)) = |t_1 - t_2|$이다.

이것은 근본적으로 α가 직선 l의 **단위 속도 매개변수화**라는 것을 말한다. 그림 4.7을 보아라. 함수 α를 l의 **표준 매개변수화**라고 부른다. 각각의 직선은 많은 표준 매개변수화를 갖는다. P는 l위의 임의의 점이 될 수 있고, 주어진 P에 대해 Q의 두 개의 선택이 존재한다.

직교 직선들

[정의 4.3] 두 직선은 그들의 극들이 직교하면 **직교한다**고 한다.

유클리드 평면에서 평행 직선들의 속은 공통 수선을 갖는 직선들의 속으로서 생각할 수 있다는 것을 상기하라. 구면의 경우에 있어서 다음 상황을 맞이하게 된다. 증명은 연습문제로 남긴다.

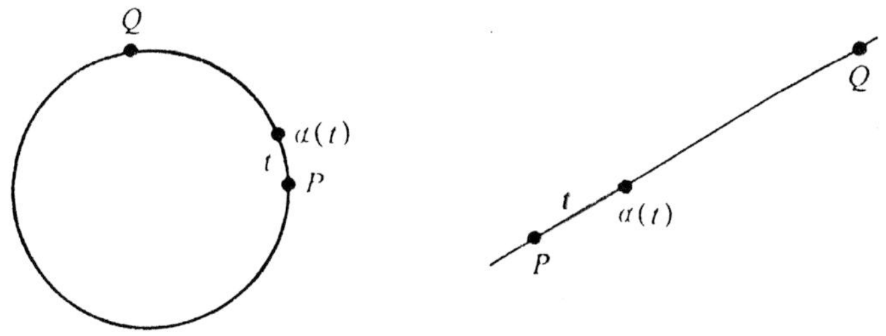

그림 4.7 직선의 매개변수화

[**정리 4.8**] l과 m을 $\mathbb{S}^2$의 서로 다른 직선이라 하자. 그러면 $l \perp n$이고 $m \perp n$이 되는 유일한 직선 n이 존재한다. l과 m의 교점은 n의 극들이다.

[**정리 4.9**] l을 $\mathbb{S}^2$의 직선이라 하고, P를 점이라 하자. 만약 P가 l의 극이 아니라면 P를 지나 l에 수직인 유일한 직선 m이 존재한다.

참고

i. 만약 P가 l의 극이라면, P를 지나는 모든 직선은 l과 수직이다.

ii. 정리 4.9는 $\mathbb{E}^2$에서와 마찬가지로 l위에 있지 않은 점 P로부터 직선 l에 수선을 내릴 수 있음을 보여 준다. $\mathbb{E}^2$에서는 수선의 발은 P에서 가장 가까운 l위의 점이다. 구면 기하학에서는 수선 m은 l과 두 번 만난다. 교점은 P에서 가장 가깝고 또 가장 멀리 떨어진 l의 점들이다. 그러나, 이것의 증명은 선분, 각, 삼각형들에 대해 더 많은 내용과 기술을 배운 후 스스로 생각해 보기 바란다.

선분

구면기하학에서는 사이의 개념은 모호하다. 주어진 임의의 세 개의 공선점에서 어느 하나가 다른 두 개의 사이에 있다고 생각할 수는 있다. 반면, 직선 l위의 두 점의 선택은 $\mathbb{E}^2$에서 선분들이 그랬던 것과 거의 흡사한 두 개의 부분집합으로 l을 분해하는 것을 유도한다. 식 (4.2)를 이용하면, 적당한 실수 $t_1 < t_2$가 $t_2 - t_1 < 2\pi$를 만족하고 $\alpha(t_1) = P, \alpha(t_2) = Q$일 때, 집합

$$\mathfrak{s} = \{\alpha(t) \,|\, t_1 \leq t \leq t_2\}$$

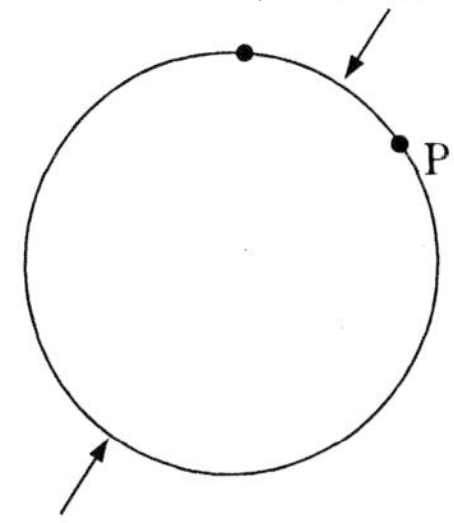

그림 4.8 보선분들

를 **선분**이라 한다. $t_2 - t_1$를 선분의 **길이**라 부르고, $\alpha(t_1) = P$와 $\alpha(t_2) = Q$를 $\mathfrak{s}$의 **끝점**이라 한다. $\mathfrak{s}$의 다른 모든 점들은 $\mathfrak{s}$의 **내부점**이라 한다.

참고 선분의 모든 점들은 공선점이다. 각각의 선분은 유일한 직선을 결정한다. 반면, 선분은 자료 P, Q, t_1, t_2를 유일하게 결정하지 않는다.

P와 Q를 원점대칭이 아닌 점들이라 하자. 그러면 P와 Q를 끝점으로 갖는 정확히 두 개의 선분이 존재한다. 이 선분들 중에서 더 긴 것을 **큰쪽 선분** PQ라 부르고, 더 작은 것을 **작은쪽 선분** PQ라 부른다. 두 선분들은 서로의 보충이라 말하고 **보선분**으로 생각할 수 있다. 그림 4.8를 보라.

[**정의 4.4**] P와 Q가 원점 대칭인 점들이라면, P와 Q를 끝점으로 가지는 (무한히 많은) 선분들의 각각은 **반직선**이라 부른다.

참고 작은쪽 선분 PQ의 길이는 $d_s(P,Q)$이다. 큰쪽 선분 PQ의 길이는 $2\pi - d_s(P,Q)$이다. 반직선의 길이는 π이다.

참고 구면기하학에서 그것이 큰쪽 선분인가 작은쪽 선분인가를 구별하지 않고 선분 PQ를 논하는 것은 전체적인 논의를 모호하게 만든다.

[**정리 4.10**] P, Q와 X를 $\mathbb{S}^2$의 서로 다른 점이라 하자. 만약 P와 Q가 원점대칭이 아니라면 점 X가 작은쪽 선분 PQ에 놓여 있을 필요충분조건은

$$d_s(P,X) + d_s(X,Q) = d_s(P,Q) \tag{4.3}$$

인 것이다.

증명 $L = d_s(P, Q)$일 때, P에 수직인 $\tilde{P}$를 질문에 있는 선분이 집합

$$\{(\cos t)P + (\sin t)\tilde{P} \,|\, 0 \leq t \leq L\}$$

이 되도록 잡는다. 먼저 X가 선분위에 있다고 가정하자. 그러면 $\varphi \in (0, L)$일 때

$$X = (\cos\varphi)P + (\sin\varphi)\tilde{P} \tag{4.4}$$

라 쓸 수 있다.

$$d_s(P, X) = \cos^{-1}\cos\varphi = \varphi$$

와

$$d_s(X, Q) = \cos^{-1}\cos(L - \varphi) = L - \varphi$$

를 얻음으로 식 (4.3)이 성립함을 알 수 있다.

역으로, 식 (4.3)이 성립한다고 가정하자. 그러면 따름정리 4.3에 의해 X는 $\overleftrightarrow{PQ}$위에 있고, 따라서 식 (4.4)는 유일한 수 $\varphi \in (0, 2\pi)$에 대해 성립한다. $L < \varphi < 2\pi$는 식 (4.3)에 모순임을 보일 수 있다 (문제 30). 다른 경우, $0 < \varphi < L$은 따라서 반드시 성립해야 하고, X는 작은쪽 선분 $\overleftrightarrow{PQ}$위에 놓여 있어야 한다. ◇

참고 만약 P와 Q가 원점대칭인 점들이라면, 항등식 (4.3)은 자동적으로 $\mathbb{S}^2$위의 모든 X에 대해 성립한다.

사선, 각

구면기하학에서는 **사선**을 하나의 끝점이 제거된 반직선으로 정의한다. 다른 한 끝점을 사선의 **원점**이라 부른다.

PQ를

$$\{(\cos t)P + (\sin t)\tilde{P} \,|\, 0 \leq t \leq L\}$$

에 의해 표준방식으로 표현된 길이 L의 작은쪽 선분이라 가정하자. 그러면

$$\overrightarrow{PQ} = \{(\cos t)P + (\sin t)\tilde{P} \,|\, 0 \leq t < \pi\}$$

는 원점이 P인 Q를 지나는 사선이다.

$\mathbb{E}^2$에서 한 것과 똑같이 **각**을 정의할 수 있다. 특히 두 직선(대원)사이의 각은 그것들을 포함하는 평면사이의 **각**이고 이는 또한 그들의 교점에서의 두 직선사이의 접선사이의 각이다. 이 경우 (점들의 집합으로서) 평각은 한 점이 제거된 직선이다.

[**정의 4.5**] $\angle PQR$을 각이라 하자. 점 X는 만약 작은쪽 선분 XP가 $\overleftrightarrow{QR}$과 만나지 않고, 작은쪽 선분 XR이 $\overleftrightarrow{QP}$와 만나지 않는다면 **각의 내부**에 있다.

각의 내부에 있는 점들의 집합을 **활꼴**이라 한다. 서로 다른 직선들의 쌍은 $\mathbb{S}^2$를 네 개의 활꼴 모양으로 나눈다.

참고 각각의 직선 l은 $\mathbb{S}^2$를 두 개의 반평면으로 나눈다. 반평면들은 정의에서 사용된 선분들이 작은쪽 선분이라는 것만 제외하고는 $\mathbb{E}^2$에서와 같이 정의될 수 있다. 활꼴 모양은 두 개의 반평면의 공통부분이다. 이 생각은 문제 32에서 더 전개된다.

사선은 더 이상 방향벡터를 갖지 않으므로 각의 래디안 측도를 정의하는 다른 방법을 찾아야 한다. 잠깐동안 $\mathbb{E}^3$에서 생각하면, 두 개의 직선들의 극들은 이 직선들의 단위법선임을 안다. 따라서, 직선들 사이의 각은 이 단위 법선들 사이의 각에 대응한다.

그러나 두 직선들이 만나면, 그들은 네 개의 각을 결정한다. 각의 래디안 측도를 계산할 때 어떻게 옳은 부호를 택하는 가는 직관적으로 분명하지 않다. 정확한 정의는 다음과 같다.

[**정의 4.6**] 각 $\angle PQR$의 래디안 측도는

$$\cos^{-1}\left\langle \frac{Q\times P}{|Q\times P|}, \frac{Q\times R}{|Q\times R|}\right\rangle$$

이다.

4.4 변환들

$\mathbb{S}^2$의 합동변환들

[**정의 4.7**] 임의의 직선 l에 대해, l에 관한 **반사변환**은 ξ가 l의 극일 때

$$\Omega_l X = X - 2\langle X, \xi\rangle\xi$$

로 주어진 사상이다.

$\Omega_l X$가 실제로 $\mathbb{S}^2$의 점이라고 하는 것은 분명하지 않다. 이것과 다른 어려움들을 살펴 보기 위해 Ω_l에 대한 식으로 정의된 $\mathbb{R}^3$의 변환들을 조사한다.

[정리 4.11] $\langle \xi, \xi \rangle = 1$이라 하고, $T : \mathbb{R}^3 \to \mathbb{R}^3$를

$$Tx = x - 2\langle x, \xi \rangle \xi$$

로 정의하자. 그러면

i. T는 선형변환이다.

ii. 모든 $x, y \in \mathbb{R}^3$에 대해, $\langle Tx, Ty \rangle = \langle x, y \rangle$이다.

증명 T의 선형성은 내적의 선형성을 이용하면 쉽게 증명할 수 있다 (문제 10). (ii)는 다음과 같이 보인다.

$$\begin{aligned} \langle Tx, Ty \rangle &= \langle x - 2\langle x, \xi \rangle \xi, y - 2\langle y, \xi \rangle \xi \rangle \\ &= \langle x, y \rangle - 2\langle x, \xi \rangle \langle \xi, y \rangle - 2\langle x, \xi \rangle \langle y, \xi \rangle + 4\langle x, \xi \rangle \langle y, \xi \rangle \langle \xi, \xi \rangle \\ &= \langle x, y \rangle \end{aligned}$$

◇

참고

i. 정리 4.11에서 (i)과 (ii)를 만족하는 사상 $T : \mathbb{R}^3 \to \mathbb{R}^3$는 **직교사상**이라고 한다. 이 절의 후반부에서 그러한 사상에 대해 일반적으로 공부하겠다.

ii. 성질 (ii)는 만약 $|x| = 1$이면 $|Tx| = 1$임을 말한다. 따라서, $\Omega_l X$는 X가 $\mathbb{S}^2$의 점이기만 하면 $\mathbb{S}^2$ 위에 있다. 성질 (ii)의 다른 결과들과 2 장에서 전개한 대수는 반사변환의 다음 기본적 성질을 유도한다.

[정리 4.12] i. $\mathbb{S}^2$에 있는 모든 점 X, Y에 대해 $d_s(\Omega_l X, \Omega_l Y) = d_s(X, Y)$이다.

ii. $\mathbb{S}^2$의 모든 점 X에 대해 $\Omega_l \Omega_l X = X$이다.

iii. $\Omega_l : \mathbb{S}^2 \to \mathbb{S}^2$는 전단사 사상이다.

[정리 4.13] $\Omega_l X = X$일 필요충분조건은 $X \in l$인 것이다.

이제 두 개의 반사변환의 곱을 조사하자. l과 m을 각각 극 ξ와 η를 가진 직선이라 하자. P가 l과 m의 교점중의 하나라고 하자. $e_3 = P$로 놓고 정규직교 기저 $\{e_1, e_2, e_3\}$를 선택한다. 그러면 ξ와 η는 $\{e_1, e_2\}$에 의해 생성되는 단위 벡터들이다. 2장에 있는 것처럼 ϑ와 φ를

$$\xi = (-\sin\vartheta)e_1 + (\cos\vartheta)e_2, \quad \eta = (-\sin\varphi)e_1 + (\cos\varphi)e_2$$

를 만족하도록 잡을 수 있다. (근본적으로 2장의 식 (2.7)의 그것인) 통상적인 계산에 의하면

$$\begin{aligned} \Omega_l e_1 &= (\cos 2\vartheta)e_1 + (\sin 2\vartheta)e_2, \\ \Omega_l e_2 &= (\sin 2\vartheta)e_1 - (\cos 2\vartheta)e_2, \\ \Omega_l e_3 &= e_3 \end{aligned}$$

를 얻는다. 따라서, 기저 $\{e_1, e_2, e_3\}$에 관해 Ω_l은 행렬

$$\begin{pmatrix} \cos 2\vartheta & \sin 2\vartheta & 0 \\ \sin 2\vartheta & -\cos 2\vartheta & 0 \\ 0 & 0 & 1 \end{pmatrix}$$

을 갖는데, 이는

$$\begin{pmatrix} \operatorname{ref}\vartheta & 0 \\ 0 & 1 \end{pmatrix}$$

로 줄여 질 수 있다. 비슷하게 Ω_m의 행렬은

$$\begin{pmatrix} \operatorname{ref}\varphi & 0 \\ 0 & 1 \end{pmatrix}$$

이고, 따라서 $\Omega_l\Omega_m$은 행렬

$$\begin{pmatrix} \operatorname{rot} 2(\vartheta - \varphi) & 0 \\ 0 & 1 \end{pmatrix}$$

을 갖는다. 회전변환에 대해서는 $\mathbb{E}^2$에서와 같은 정의를 쓴다.

[**정의 4.8**] 만약 α와 β가 점 P를 지나는 직선이라면, 등거리변환 $\Omega_\alpha\Omega_\beta$를 P에 관한 **회전변환**이라 한다. 특수한 경우 $\alpha = \beta$는 항등변환, 즉 자명한 회전변환을 결정한다. 만약 $\alpha \neq \beta$라면, 회전변환은 자명하지 않다고 한다. P에 관한 모든 회전변환들의 집합을 $\mathbf{ROT}(P)$라 쓴다.

앞의 계산은 점 P에 대한 회전변환들의 대수를 $\mathbb{E}^2$에서 사용한 것들로 바꿀 수 있게 해 준다. 따라서 다음의 $\mathbb{S}^2$의 회전변환에 관한 중요한 결과를 밝히는 것은 쉽다.

[**정리 4.14 (세 반사변환 정리)**] α, β와 γ를 점 P를 지나는 직선이라 하자. 그러면

$$\Omega_\alpha\Omega_\beta\Omega_\gamma = \Omega_\delta$$

를 만족하는 점 P를 지나는 유일한 직선 δ가 존재한다.

[**정리 4.15 (회전변환에 대한 표현정리)**] $T = \Omega_\alpha\Omega_\beta$를 $\mathbf{ROT}(P)$의 원소라 하고, l을 P를 지나는 직선이라 하자. 그러면

$$T = \Omega_l\Omega_m = \Omega_{m'}\Omega_l$$

을 만족하는 P를 지나는 유일한 직선 m과 m'이 존재한다.

[**정의 4.9**] l을 임의의 직선이라 하고, m과 n은 l에 수직인 직선이라 하자. 변환 $\Omega_m\Omega_n$을 **l을 따른 평행이동**이라 부른다. 만약 $m \neq n$이라면, 평행이동은 자명하지 않다고 한다.

참고 유클리드 평면과 달리, $\mathbb{S}^2$는 평행 직선들을 갖지 못한다. 실제로 만약 두 직선이 l에 수직이라면 그들은 l의 극들에서 만난다. 따라서 두 개의 반사변환들의 연구는 대단히 간결해진다.

[**정리 4.16**] i. $\mathbb{S}^2$의 모든 평행이동은 또한 회전변환이다.

ii. $\mathbb{S}^2$의 모든 회전변환은 또한 평행이동이다.

$\mathbb{E}^2$에서 l을 따른 평행이동들은 실수에 의해 매개변수화 되었었다. $\mathbb{S}^2$의 직선의 매개변수화의 주기적 성질을 고려한다면, l에 수직인 직선들에 대한 반사변환들 사이에서 유사한 관계를 얻을 수 있다.

l에 수직인 두 개의 직선 α와 β를 생각하자. P를 l의 임의의 점이라 하자. ξ를 l의 극이라 하고, $Q = \xi \times P$라 놓자. 그러면 ϑ와 φ를

$$(\cos\vartheta)P + (\sin\vartheta)Q \in \alpha, \quad (\cos\varphi)P + (\sin\varphi)Q \in \beta$$

가 성립하도록 택할 수 있다. 그러면 $(-\sin\vartheta)P+(\cos\vartheta)Q$가 α의 극이고, $(-\sin\varphi)P+(\cos\varphi)Q$가 β의 극이라는 것을 쉽게 보일 수 있다. 회전변환을 다룰 때 살펴 보았듯이 정규직교 기저 $\{P, Q, \xi\}$에 관해

$$\Omega_\alpha = \begin{pmatrix} \cos 2\vartheta & \sin 2\vartheta & 0 \\ \sin 2\vartheta & -\cos 2\vartheta & 0 \\ 0 & 0 & 1 \end{pmatrix}$$

이고, 따라서

$$\begin{aligned} \Omega_\alpha\Omega_\beta &= \begin{pmatrix} \cos 2(\vartheta-\varphi) & -\sin 2(\vartheta-\varphi) & 0 \\ \sin 2(\vartheta-\varphi) & \cos 2(\vartheta-\varphi) & 0 \\ 0 & 0 & 1 \end{pmatrix} \\ &= \begin{pmatrix} \operatorname{rot} 2(\vartheta-\varphi) & 0 \\ 0 & 1 \end{pmatrix} \end{aligned}$$

이 된다. l을 따른 모든 평행이동들의 집합을 **TRANS**(l)로 놓는다. l에 수직인 직선들의 속 $\mathfrak{P}$안에 있는 직선들에 관한 모든 반사변환들에 의해 생성되는 군은 **REF**(l)로 놓는다.

[**정리 4.17**] **TRANS**(l)은 ξ가 l의 극일 때 **ROT**(ξ)와 일치하는 가환군이다.

앞서의 논의에 의해 다음 정리를 주장하고 설명할 수 있다.

[**정리 4.18 (세 반사변환 정리)**] α, β와 γ를 공통수선 l을 갖는 속 $\mathfrak{P}$의 세 직선이라 하자. 그러면

$$\Omega_\alpha\Omega_\beta\Omega_\gamma = \Omega_\delta$$

를 만족하는 이 속의 유일한 네 번째 직선 δ가 존재한다.

[정리 4.19 (평행이동에 관한 표현정리)] $T = \Omega_\alpha\Omega_\beta$를 **TRANS**$(l)$의 임의의 원소라 하자. 만약 m과 n이 l에 수직인 임의의 직선들이라면

$$T = \Omega_m\Omega_{m'} = \Omega_{n'}\Omega_n$$

을 만족하는 유일한 직선들 m'과 n'이 존재한다.

[따름정리 4.4] **REF**$(\mathfrak{P})$의 모든 원소는 l을 따른 평행이동이거나 $\mathfrak{P}$의 직선에 관한 반사변환이다. (따름정리 2.3 참조)

[정의 4.10] 만약 α와 β가 직선 l에 수직인 직선들이라면, $\Omega_\alpha\Omega_\beta\Omega_l$은 축이 l인 **미끄럼 반사변환**이라 한다.

참고 만약 $\{e_1, e_2, e_3\}$가 e_3를 l의 극으로 갖는 정규직교 기저라면,

$$\Omega_l e_1 = e_1, \ \ \Omega_l e_2 = e_2, \ \ \Omega_l e_3 = -e_3$$

이다.

[따름정리 4.5] 이 형태의 정규직교 기저에 관해 축이 l인 미끄럼 반사변환은 형태

$$\begin{pmatrix} \cos\lambda & -\sin\lambda & 0 \\ \sin\lambda & \cos\lambda & 0 \\ 0 & 0 & -1 \end{pmatrix}$$

을 갖는다.

[정의 4.11] 유한 개의 반사변환들의 곱인 등거리변환을 **합동변환**이라 부른다.

평행성의 성질없이 2 장의 정리들 (정리 2.27 – 2.29)의 증명을 간단히 하면 합동변환에 대한 다음의 기본적인 구조정리의 증명을 얻게 된다.

[정리 4.20] 모든 합동변환은 둘 또는 셋의 알맞게 선택된 반사변환들의 곱이다.

$\mathbb{E}^3$의 직교변환들

[정의 4.12] 사상 $T : \mathbb{E}^3 \to \mathbb{E}^3$는

i. T가 선형사상이고,

ii. 모든 $x, y \in \mathbb{E}^3$에 대해 $\langle Tx, Ty\rangle = \langle x, y\rangle$일 때

직교변환이라고 한다.

[정리 4.21] 선형 변환 T가 직교변환일 필요 충분조건은 (어떤 정규직교 기저에 관해) 그것의 행렬 A가 $A^tA = I$를 만족하는 것이다.

증명 T를 직교변환이라 하고, $\{e_i\}$가 정규직교기저라 하자. 그러면

$$\begin{aligned}\langle Te_i, Te_j\rangle &= \left\langle \sum_{k=1}^{3} a_{ki}e_k, \sum_{l=1}^{3} a_{lj}e_l \right\rangle \\ &= \sum_{k,l=1}^{3} a_{ki}a_{lj}\langle e_k, e_l\rangle \\ &= \sum_{k=1}^{3} a_{ki}a_{kj} = (A^tA)_{ij}\end{aligned}$$

를 얻는다. 그러나 $\langle Te_i, Te_j\rangle = \langle e_i, e_j\rangle$이므로 $A^tA = I$이다.

역으로, 적당한 정규직교 기저에 관해 만약 $A^tA = I$이면, 같은 계산에 의해

$$\langle Te_i, Te_j\rangle = \langle e_i, e_j\rangle$$

를 얻는다. 따라서, 임의의 $x = \sum x_ie_i$와 $y = \sum y_je_j$에 대해, 내적의 선형성을 이용하면 $\langle Tx, Ty\rangle = \langle x, y\rangle$를 얻는다. ◇

[정의 4.13] $A^tA = I$를 만족하는 3×3 행렬 A를 **직교행렬**이라 한다.

참고 만약 A가 직교행렬이라면 $A^{-1} = A^t$이고, 따라서 $AA^t = I$이다. 마지막으로 $\det(A^tA) = (\det A)^2 = 1$이고, 따라서 $\det A = \pm 1$이다.

[정리 4.22] i. $\mathbb{E}^3$의 모든 직교 변환들의 집합 $\mathbf{O(3)}$는 $\mathbb{R}^3$**의 직교군**이라 불리는 군이다.

ii. 행렬식이 $+1$인 직교변환들의 집합 $\mathbf{SO(3)}$는 **특수 직교군**이라 불리는 $\mathbf{O(3)}$의 부분군이다.

증명 (i)을 증명하기 위해 직교행렬의 집합은 곱셈과 역을 취하는 것에 관해 닫혀 있음을 보인다. 먼저, A와 B가 직교행렬이라면

$$(AB)^t AB = B^t A^t AB = B^t B = I$$

이고, 따라서

$$(AB)^t = (AB)^{-1}$$

이다. 다음에 만약 A가 직교라면,

$$(A^{-1})^t A^{-1} = (A^t)^t A^t = AA^t = I$$

이고, 따라서 A^{-1}은 직교행렬이다. 이것이 (i)의 증명이다.

(ii)를 증명하기 위해 $A, B \in \mathbf{SO(3)}$는 $\det(AB) = (\det A)(\det B) = 1 \cdot 1 = 1$이고, 따라서 $AB \in \mathbf{SO(3)}$임을 유의하자. 두 번째로 만약 $A \in \mathbf{SO(3)}$라면,

$$\det(A^{-1}) = \frac{1}{\det A} = \frac{1}{1} = 1$$

이고, 따라서 A^{-1} 역시 $\mathbf{SO(3)}$에 있다. ◇

Euler의 정리

앞에서 모든 반사변환과 따라서 모든 합동변환이 직교변환으로부터 생긴다고 생각할 수 있다는 것을 관찰하였다. 이 절에서는 역을 보인다. 즉, 모든 직교변환은 $\mathbb{S}^2$의 합동변환이 된다.

$\mathbf{SO(3)}$는 정확히 회전변환에 대응되고 반면 행렬식이 -1인 직교변환들은 반사변환과 미끄럼 반사변환에 대응된다. 먼저 **Euler의 다음 정리**를 증명한다.

[**정리 4.23**] 각각의 $T \in \mathbf{SO(3)}$에 대해, $Tx = x$가 되는 $x \in \mathbb{S}^2$가 존재한다.

증명 일반적인 경우를 푸는 것으로부터 시작하자. Tx와 x가 비례적이 아닌 모든 0이 아닌 벡터 $x \in \mathbb{R}^3$를 찾아본다. 이것은 어떤 실수 λ에 대해 방정식

$$Tx = \lambda x,$$

즉, $(T - \lambda I)x = 0$을 풀어야만 함을 뜻한다. 1.4절에서 자명하지 않은 해는 λ가 $\chi(\lambda) = \det(T - \lambda I) = 0$을 만족해야 함을 알았다. 이것은 λ에 관한 3차 방정식이다. 다항식 $\chi(\lambda)$를 인수분해하는데 두 가지의 가능성이 존재한다.

i. $\chi(\lambda) = (\lambda_1 - \lambda)(\lambda_2 - \lambda)(\lambda_3 - \lambda)$ (세 실근).

ii. $\chi(\lambda) = (\widetilde{\lambda} - \lambda)(\mu - \lambda)(\bar{\mu} - \lambda)$ (하나의 실근과 두 개의 복소 공액근).

어느 경우이건, 각각의 실수해 λ에 대해 $Tx = \lambda x$를 만족하는 단위벡터 x가 존재한다. 경우 (i)에서는

$$1 = |Tx|^2 = \lambda_i^2 |x|^2 = \lambda_i^2$$

이고, 따라서 $\lambda_i = \pm 1$이다. 한편, 해들의 곱은 T의 행렬식과 같아야만 하고 해중의 적어도 하나는 1과 같아야 한다.

두 번째의 경우, 해들의 곱 $\widetilde{\lambda}\mu\bar{\mu} = \lambda|\mu|^2$은 다시 $+1$과 같아야 한다. 따라서 $\widetilde{\lambda} = +1$이다. ◇

[**따름정리 4.6**] 임의의 $T \in \mathbf{SO(3)}$에 대해, T를 $\mathbb{S}^2$에 제한하면 회전변환이다.

증명 Euler 정리 (정리 4.23)에 의해, T에 의해 자기자신으로 사상되는 $\mathbb{S}^2$의 점들이 존재한다. $Te_3 = e_3$가 되도록 하는 정규직교기저 $\{e_1, e_2, e_3\}$를 선택하자. 그러면 ϑ의 적당한 선택에 대해 보조정리 2.1에서 사용한 똑같은 논의에 의해,

$$\begin{aligned} Te_1 &= (\cos\vartheta)e_1 + (\sin\vartheta)e_2, \\ Te_2 &= \pm((-\sin\vartheta)e_1 + (\cos\vartheta)e_2), \\ Te_3 &= e_3 \end{aligned}$$

를 얻는다. $\det T = 1$이므로 Te_2에서 양의 부호가 선택돼야 하고, T의 행렬은

$$\begin{pmatrix} \cos\vartheta & -\sin\vartheta & 0 \\ \sin\vartheta & \cos\vartheta & 0 \\ 0 & 0 & 1 \end{pmatrix}$$

이다. T가 두 개의 반사변환들의 곱으로 분해될 수 있으므로 그것은 분명히 회전변환이다. ◇

참고 모든 회전변환이 두 개의 직교변환의 곱으로부터 생기므로 그것은 $\mathbf{SO(3)}$의 원소의 $\mathbb{S}^2$에의 제한이어야만 한다.

사고의 편리성을 위해 SO(3)는 모든 회전변환들의 집합과 동일시 될 수 있다. 물론 모든 직교변환이 회전변환은 아니다.

[정의 4.14] **원점 대칭 사상** E는

$$Ex = -x$$

로 정의되는 변환이다.

임의의 정규직교 기저에 관해 E는 행렬

$$\begin{pmatrix} -1 & 0 & 0 \\ 0 & -1 & 0 \\ 0 & 0 & -1 \end{pmatrix}$$

을 갖는다. 원점 대칭 사상은 그것이 극들이 정규직교 기저를 이루는 직선에 대한 세 개의 반사변환의 곱

$$\begin{pmatrix} -1 & 0 & 0 \\ 0 & 1 & 0 \\ 0 & 0 & 1 \end{pmatrix}\begin{pmatrix} 1 & 0 & 0 \\ 0 & -1 & 0 \\ 0 & 0 & 1 \end{pmatrix}\begin{pmatrix} 1 & 0 & 0 \\ 0 & 1 & 0 \\ 0 & 0 & -1 \end{pmatrix}$$

로 분해될 수 있기 때문에 미끄럼 반사변환이다. (이 형태의 세 개의 직선은 **자신 극 삼각형**을 형성한다고 말한다. 각각의 꼭지점은 대변의 극이다.) 그러나 이 미끄럼 반사변환은 유일한 축을 갖지 않는다. 모든 직선이 축이다.

원점 대칭 사상 E는 직교변환을 해석하는데 편리한 도구이다.

[정리 4.24] 모든 직교변환은 $\mathbb{S}^2$로 제한하면 합동변환이 된다.

증명 T를 직교변환이라 하자. 만약 $\det T = 1$이라면, T는 회전변환이고, 따라서 합동변환이다. 만약 $\det T = -1$이면, ET는 회전변환 ϱ이다. 따라서 $T = E\varrho$이다. (E는 자신이 자신의 역이다.) 이것은 T가 합동변환임을 말한다. ◇

등거리변환

[정의 4.15] 함수 $T : \mathbb{S}^2 \to \mathbb{S}^2$가 모든 $x \in \mathbb{S}^2$에 대해

$$d_s(Tx, Ty) = d_s(x, y)$$

를 만족한다면 **등거리변환**이라 한다.

모든 반사변환과 따라서 모든 합동변환은 등거리변환임을 상기하자. 더욱이, 모든 직교변환은 $\mathbb{S}^2$의 합동변환으로 제한됨을 상기하자. 각각의 직교변환은 단위벡터들위의 그것의 값에 의해 결정되므로 각각의 등거리변환은 기껏해야 하나의 직교변환의 제한이다. 이제 이 절의 주 결과를 소개한다.

[**정리 4.25**] $\mathbb{S}^2$의 모든 등거리변환 T_0에 대해, $\mathbb{S}^2$위에서 T_0와 일치하는 직교변환 T가 존재한다.

증명 $\{e_1, e_2, e_3\}$를 $\mathbb{E}^3$의 정규직교기저라 하자. T_0가 등거리변환이기 때문에 $\langle T_0e_i, T_0e_j\rangle = \langle e_i, e_j\rangle$이다. $\mathbb{E}^3$의 각각의 점은 적당한 $x \in \mathbb{S}^2$와 $\lambda \geq 0$에 대해 λx의 형태이다. $T : \mathbb{E}^3 \to \mathbb{E}^3$를

$$\begin{aligned} T(\lambda x) &= \lambda T_0 x \qquad (\lambda x \neq 0) \\ T(0) &= 0 \end{aligned}$$

으로 정의한다. T가 직교변환임을 보이자. 먼저 선형성을 보자. $\{Te_i\}$가 또한 정규직교 기저이므로, $x \in \mathbb{S}^2$에 대해 $Tx = T_0x$와

$$Tx = \sum \langle Tx, Te_i\rangle Te_i = \sum \langle x, e_i\rangle Te_i$$

가 성립한다. 따라서

$$\begin{aligned} T(\lambda x) = \lambda T_0 x = \lambda T x &= \lambda \sum \langle x, e_i\rangle Te_i \\ &= \sum \langle \lambda x, e_i\rangle Te_i \end{aligned}$$

를 얻는다. 다시 말하면, $\mathbb{E}^3$의 임의의 $u \neq 0$ (또한 더 분명하게 $u = 0$) 에 대해

$$Tu = \sum \langle u, e_i\rangle Te_i$$

를 얻는다. 이 표현은 분명히 u에 관해 선형이다. 더욱이, 만약 v가 $\mathbb{E}^3$에 있는 다른 벡터라면,

$$\begin{aligned} \langle Tu, Tv\rangle &= \sum \langle u, e_i\rangle \langle v, e_j\rangle \langle Te_i, Te_j\rangle \\ &= \sum \langle u, e_i\rangle \langle v, e_i\rangle = \langle u, v\rangle \end{aligned}$$

가 되고, 따라서 T는 직교변환이다. ◇

등거리변환들의 고정점과 불변선

이제 그들의 고정점과 불변선의 집합의 성질에 따라 등거리변환의 여러가지 형태를 특성화하자.

[**정리 4.26**] i. 자명하지 않은 회전변환은 정확히 두 개의 원점 대칭 고정점을 갖는다.

ii. 반사변환은 고정점의 선 – 그것의 축 – 을 갖는다.

iii. 미끄럼 반사변환은 고정점을 갖지 않는다.

iv. 항등변환은 모든 점을 고정한다.

[**정리 4.27**] 등거리변환 T가 극 ξ를 갖는 직선을 불변시킬 필요충분조건은 $T\xi = \pm\xi$인 것이다.

[**정리 4.28**] i. 반회전(정의 2.7)은 점(중심)을 통과하는 모든 직선과 공통수선을 불변시킨다.

ii. 자명하지 않은 회전변환은 그것의 중심의 극직선만 불변선으로 갖는다.

iii. 반사변환은 그것의 축과 그 축에 수직인 모든 직선들(반회전에 의해 변하지 않는 것과 같은 직선들)을 불변선으로 갖는다.

iv. 원점 대칭사상이외의 미끄럼 반사변환(정의 4.10)은 그것의 축만을 불변시킨다.

v. 원점 대칭사상과 항등사상은 모든 직선을 불변선으로 갖는다.

이외의 표현정리

회전변환이 $\mathfrak{I}(\mathbb{S}^2)$의 부분군을 형성함으로 두 개의 연속되는 반회전들의 곱은 회전변환임은 분명하다. 그것의 역도 역시 옳다는 것을 알게 되면 놀라게 될 것이다. 특히 회전변환에 대한 다음 표현정리를 얻는다 :

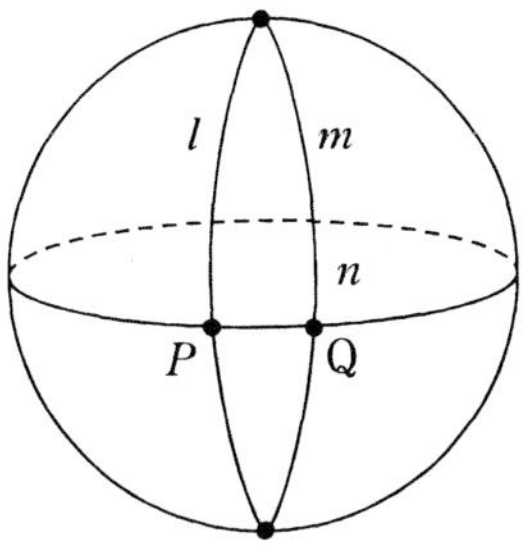

그림 4.9 $\Omega_l\Omega_m = H_P H_Q$.

[**정리 4.29**] 모든 회전변환은 두 개의 반회전들의 곱으로 쓸 수 있다.

증명 T를 회전변환이라 하자. 정리 4.15에 의해 $T = \Omega_l\Omega_m$이 되는 직선들 l과 m이 존재한다. n을 l과 m과 각각 P와 Q에서 만나는 l과 m에의 공통수선이라 하자. 그러면

$$T = \Omega_l\Omega_n\Omega_n\Omega_m = H_P H_Q$$

가 성립한다. ◇

참고 $\mathbb{E}^2$에서 두 반회전들의 곱은 평행이동이고, 모든 평행이동은 그렇게 표현될 수 있다. 정리 4.29에서 $\mathbf{SO(3)}$의 원소들을 회전변환이라기 보다는 평행이동으로 보는 것이 더 생산적이라고 하는 예를 지적하였다. 이 구성이 그림 4.9에 보여져 있다.

[**정리 4.30**] P를 $\mathbb{S}^2$의 점이라 하자. 그러면 모든 $x \in \mathbb{S}^2$에 대해,

$$H_P x = -x + 2\langle x, P\rangle P$$

이다.

증명 ξ와 η를 P를 지나는 직교직선들의 극들이라 하자. 그러면 $\{\xi, \eta, P\}$는 정규직교 기저이고, 항등식

$$x = \langle x, P\rangle P + \langle x, \xi\rangle\xi + \langle x, \eta\rangle\eta$$

가 $\mathbb{S}^2$에서 성립한다. 이제

$$H_P x = x - 2\langle x, \xi\rangle\xi - 2\langle x, \eta\rangle\eta$$

의 계산은 바로 나온다. 이 두 결과들을 함께 묶으면 $H_P x$에 대한 원하는 표현을 얻는다. ◇

[**따름정리 4.7**] P를 $\mathbb{S}^2$의 임의의 점이라 하고, l을 그것의 극직선이라 하자. 그러면, E가 원점대칭 사상일 때,

$$\Omega_l H_P = H_P \Omega_l = E$$

이다.

증명 정리 4.30의 결과는 모든 $x \in \mathbb{S}^2$에 대해

$$H_P x = -x - 2\langle -x, P\rangle P = -(x - 2\langle x, P\rangle P)$$

라 쓸 수 있다. 다시 말해,

$$H_P = \Omega_l E = E\Omega_l,$$

즉,

$$\Omega_l H_P = H_P \Omega_l = E$$

이다. ◇

원점대칭 사상이 반회전과 반사변환의 곱으로 표현될 수 있음을 보였다. 또한 어떠한 결합이 그 표현에서 나타날 수 있는지를 정확히 결정하였다. 같은 것을 임의의 미끄럼 반사변환에 대해서도 시행하자.

T를 원점대칭 사상 E 이외의 미끄럼 반사변환이라 하자. 그것의 축 l이 극으로서 점 P를 갖는다고 가정하자. P를 **T의 극**이라 부른다.

[**정리 4.31**] i. P를 지나는 각각의 직선 m에 대해 $\Omega_m H_Q = T$가 되는 유일한 점 Q가 존재한다. 점 Q는 반드시 l위에 놓여 있다.

ii. l위의 임의의 점 Q에 대해, $\Omega_m H_Q = T$가 되는 유일한 직선 m이 존재한다. 직선 m은 반드시 P를 지난다.

참고 임의의 직선 m과 임의의 점 Q에 대해, $\Omega_m H_Q$는 그것의 축이 m에 수직이고 Q를 통과하는 미끄럼 반사변환이다.

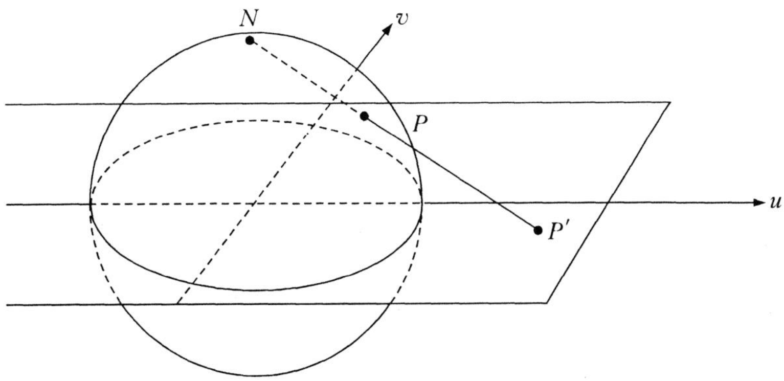

그림 4.10 입체사영

4.5 입체사영

구면 전체에서 평면으로의 전단사 연속 사상을 구성하는 것은 가능하지 않다 ; 그러나, **입체사영** (그림 4.10)은 사영의 중심인 **북극** $N = (0, 0, 1)$을 뺀 나머지를 평면으로 전단사이면서 연속적으로 사상한다.

만약 u, v를 $P = (x, y, s)$의 이 사영에 의한 상점 P'의 x, y 좌표라 하면, 직선 $\overleftrightarrow{NP'}$은 매개방정식

$$x = 0 + tu, \quad y = 0 + tv, \quad s = 1 - t \tag{4.5}$$

를 갖는다. 이 직선을 방정식이

$$x^2 + y^2 + s^2 = 1$$

인 $\mathbb{S}^2$와 교차시키면

$$t^2u^2 + t^2v^2 + (1 - t)^2 = 1,$$

즉,

$$t^2(u^2 + v^2 + 1) = 2t$$

를 얻고, 이로부터 $t = 0$ (N에 대응됨) 또는 $t = \dfrac{2}{u^2+v^2+1}$를 얻는다. 후자를 식 (4.5)에 대입하면

$$(x,y,s) = \left(\frac{2u}{u^2+v^2+1}, \frac{2v}{u^2+v^2+1}, \frac{u^2+v^2-1}{u^2+v^2+1}\right) \tag{4.6}$$

을 얻는다.

역으로, u, v를 x, y, s에 관해 풀면

$$u = \frac{x}{t} = \frac{x}{1-s}, \quad v = \frac{y}{t} = \frac{y}{1-s} \tag{4.7}$$

를 얻는다. 다시 말하면, 입체사영은 $(x,y,s) \in \mathbb{S}^2$를 $xy-$평면상의 점 $\left(\dfrac{x}{1-s}, \dfrac{y}{1-s}\right)$로 보내고 역사상은 $xy-$평면상의 점 (u,v)를

$$(x,y,s) = \left(\frac{2u}{u^2+v^2+1}, \frac{2v}{u^2+v^2+1}, \frac{u^2+v^2-1}{u^2+v^2+1}\right) \in \mathbb{S}^2$$

로 보낸다. 점 $N = (0,0,1) \in \mathbb{S}^2$이 평면의 점에 대응하지 못한다는 사실은 이 사상의 불이익이 아니다. 실제로, 이것은 평면을 복소수 평면으로 보도록 하고, 점 N에 대응하는 점 ∞에 의해 평면을 **완비화**시키도록 유도한다. 이 사상에 편승한 결론적 논지는 $\mathbb{S}^2$의 등거리변환은 수 ∞가 필요한 역할을 하게 되는 단순 복소함수들에 대응된다는 것이다.

구면위에서는 거리가 유계이지만 평면에서는 무한정이기 때문에 분명히 입체사영은 등거리변환은 아니다. 그럼에도 불구하고, 이것은 다른 기하학적 성질들은 보존한다. 가장 극명하게 곡선사이의 각을 보존한다. **등각성** 또는 **국소 유사성**이라 부르는 이 성질은 왜 복소함수들이 구면기하학에 나타나는가에 대한 기본적 이유이다.

4.6 복소함수로서의 변환들

입체사영에 의해 $\mathbb{S}^2$의 기하학과 $\mathbb{C}$의 대수사이에 놀랄만한 관계가 형성되었다. 이에 따라 $\mathbb{S}^2$의 모든 변환들은 $\mathbb{C}$상의 변환들에 의해 표현될 수 있게 된다. $\mathbb{S}^2$의 합동 (또는 등거리)변환과 복소함수의 연결고리는 **반전사상**으로 알려진 기하학적 변환이다.

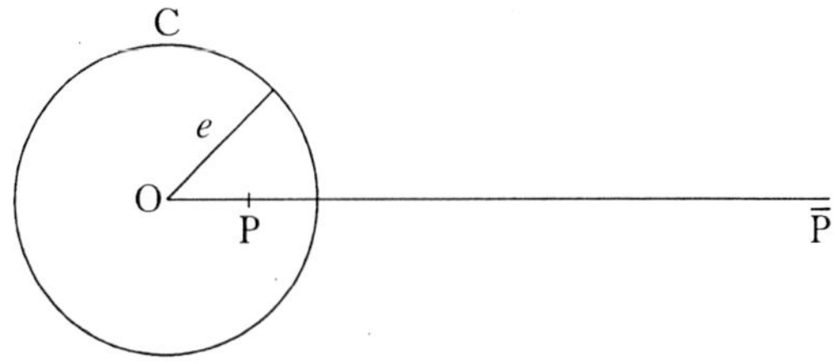

그림 4.11 원에 관한 반전

만약 C가 Euclid 평면상의 원이고 P가 C의 중심 O가 아닌 점이라 하자. 그러면 C에 관한 P**의 반전**은 그림 4.11에 보여진 점 $\overline{P}$이다. $\overline{P}$는 C의 중심 O로부터의 직선 OP에 놓여 있고, ϱ가 C의 반지름이라면

$$d(O,\overline{P})\cdot d(O,P)=\varrho^2 \tag{4.8}$$

을 만족한다. 직선에 관한 Euclid 반사변환은 OP와 C의 교점을 고정하면서 O를 움직임으로써 $\varrho\to\infty$로 만들어서 얻어지는 원에 관한 반전사상의 극한의 경우이다.

따라서 **반전사상**은 직선 l에 관한 Euclid 반사변환 Ω_l 또는 점 P를 C에 관해 그것의 반전 $\overline{P}$로 보내는 함수 $I_C(P)=\overline{P}$로 정의한다. 일반적으로 평면을 복소수 z의 평면 $\mathbb{C}$로 본다면 반전사상들은 단지 $\bar{z}$의 복소함수들이다. 이 형태의 함수들에 대해 아래에서 논의하겠다. 그러나 먼저 $\mathbb{S}^2$의 등거리변환과의 관계에 대해 알아보자. 증명은 여러분들에게 맡긴다.

[**정리 4.32**] 만약 $\mathbb{S}^2\subset\mathbb{R}^3$가 O를 지나는 평면에 대해 반사된다면, 입체사영상들에서 유도된 사상은 반전사상이다.

반전사상을 복소함수로 설명하기 위해서 $(x,y)=x+iy=z$라 놓는다. 그러면 가장 간단한 경우는 반전사상의 원 C가 단위원 $|z|=1$인 때이다. $\varrho,\vartheta\in\mathbb{R}$일 때, $z=\varrho e^{i\vartheta}$의 반전은 $\varrho^{-1}e^{i\vartheta}=\dfrac{1}{\bar{z}}$이다. 따라서 C에 관한 반전사상은 함수 $I(z)=\dfrac{1}{\bar{z}}$이다. 이 함수를 이용해 다음을 증명할 수 있다.

[**정리 4.33 (반전사상의 기하학적 특징)**] 원에 관한 반전사상은

i. 원을 원으로 사상한다.

ii. 각의 크기를 보존한다. 그러나 그들의 부호를 바꾼다.

증명 반전사상의 정의에 의하면 원 C에 관한 반전은 측도나 중심의 선택에 무관하다는 것을 알 수 있다. 따라서 C를 단위원으로 가정해도 일반성을 잃지 않고, 반전사상은 함수 $I(z) = \frac{1}{\bar{z}}$이다. 만약 원이 직선이라면 반전사상은 반사변환이고 성질 (i)과 (ii)는 당연히 성립한다.
(i) 중심이 $d \in \mathbb{C}$이고 반지름이 $\varrho \in \mathbb{R}$인 원 $C_{d,\varrho}$의 방정식은

$$\varrho^2 = |z-d|^2 = z\bar{z} - \bar{d}z - d\bar{z} + d\bar{d}$$

이다. $\sigma = d\bar{d} - \varrho^2 \in \mathbb{R}$으로 놓고 자기 반전사상 I를 적용하면 이 원은

$$1 - \bar{d}z - d\bar{z} + \sigma z\bar{z} = 0$$

이 되는데 이는 다시 원(단, $\sigma = 0$이면 직선)이 된다.
(ii) I는 $z \mapsto \frac{1}{z}$과 $z \mapsto \bar{z}$의 합성이다. 후자의 함수는 각의 크기는 보존하지만 방향을 바꾼다. 따라서 전자가 각의 크기를 보존함을 증명하기만 하면 된다. $z = re^{i\vartheta}$라 하면 $\frac{1}{z} = \frac{1}{r}e^{-i\vartheta}$이므로 $z \mapsto \frac{1}{z}$는 각의 크기를 보존한다. ◇

[**따름정리 4.8**] 입체사영은 원을 원으로 사상하고 각의 크기를 보존한다.

증명 만약 C가 중심을 남극점 S에 둔 $\mathbb{S}^2$위의 원이라면 그것의 입체사영상 C'은 분명히 원이다. P를 S와 다른 $\mathbb{S}^2$의 점이라 하자. S와 P의 등거리 평면에 관한 반사변환에 의해 S를 P로 보내는 것은 C를 중심이 P인 임의의 원 D로 보내는 것이고, 동시에 그것의 입체사영상 C'을 반전사상에 의해 D의 입체사영상 D'으로 보낸다. 따라서 D'도 원이다.

같은 방법으로 남극점에서의 각은 입체사영에 의해 보존된다. 이 각을 반사변환에 의해 P에서의 각으로 보내는 것은 각의 입체사영상을 반전사상에 의해 보내는 것이고, 따라서 각의 크기를 보존한다. ◇

이제 구체적으로 반전사상을 구해 보자. 앞서의 반전사상의 정의에 의하면 원점 O에 중심을 둔 원 C에 관한 반전사상은 Euclid 확대변환 (식 (3.8)) $d_\varrho(z) = \varrho z$ ($\varrho \in$

$\mathbb{R}^+$)와 Euclid 평행이동 (식 (2.4)) $\tau_d(z) = d + z$ ($d \in \mathbb{C}$)에 의해 보존된다. 중심이 d이고 반지름이 ϱ인 원 $C_{d,\varrho}$는 단위원을 $\tau_d d_\varrho$에 의해 변환함으로써 얻어지므로, $C_{d,\varrho}$에 관한 반전사상은, I가 단위원에 관한 반전사상일 때, $\tau_d d_\varrho I d_\varrho^{-1} \tau_d^{-1}$이다. 앞의 논의에서 $I(z) = \dfrac{1}{\bar{z}}$이므로 $\tau_d d_\varrho I d_\varrho^{-1} \tau_d^{-1}$는 함수

$$\bar{g}(z) = d + \varrho \cdot \frac{1}{\overline{\varrho^{-1}(-d+z)}} = \frac{d\bar{z} + \varrho^2 - d\bar{d}}{\bar{z} - \bar{d}} \tag{4.9}$$

이다. 이제 이 반전사상을 이용해 반사변환과 회전변환을 복소함수로 나타내 보자.

정리 4.32를 적용하면 다음을 알 수 있다 : $\lambda, \mu, \nu \in \mathbb{R}$이 $\lambda^2 + \mu^2 + \nu^2 = 1$을 만족할 때 평면

$$\lambda x + \mu y + \nu s = 0$$

에 관한 $\mathbb{S}^2$의 반사변환은 $d = -\dfrac{\lambda}{\nu} - i\dfrac{\mu}{\nu}$이고 $\varrho = \left(\dfrac{1}{\nu}\right)\sqrt{\lambda^2 + \mu^2 + \nu^2} = \dfrac{1}{\nu}$일 때 원 $C_{d,\varrho}$에 관한 $\mathbb{C}$의 반전사상을 유도한다.

[정리 4.34] $\lambda^2 + \mu^2 + \nu^2 = 1$일 때 평면 $\lambda x + \mu y + \nu s = 0$에 관한 $\mathbb{S}^2$의 반사변환에 의해 유도된 z−평면의 사상은

$$\bar{g}(z) = \frac{(\lambda + i\mu)\bar{z} - \nu}{-\nu\bar{z} - (\lambda - i\mu)}$$

이다.

증명 원 $C_{d,\varrho}$에 관한 반전사상은 (4.9)와 같이 주어진다. $d = -\dfrac{\lambda}{\nu} - i\dfrac{\mu}{\nu}$이고 $\varrho = \dfrac{1}{\nu}$이므로 주어진 형태의 변환을 얻는다. ◇

이 정리에 의해 다음 사실을 얻게 된다.

[정리 4.35 (Gauss, 1819)] $\mathbb{S}^2$의 회전변환에 의해 유도된 z−평면의 사상은, 복소수 a, b가 $|a|^2 + |b|^2 = 1$을 만족할 때,

$$f(z) = \frac{az + b}{-\bar{b}z + \bar{a}}$$

이다.

증명 회전변환은 두 개의 반사변환의 곱임을 알고, 정리 4.34의 변환 $\bar{g}(z)$를 이용하여 계산하면 쉽게 증명할 수 있다. ◇

[따름정리 4.9] $\mathbb{S}^2$의 방향역전 등거리변환에 의해 유도된 $z-$평면의 사상은, 복소수 a, b가 $|a|^2 + |b|^2 = 1$을 만족할 때,

$$\bar{f}(z) = \frac{a\bar{z} + b}{-\bar{b}\bar{z} + \bar{a}}$$

이다.

증명 앞서의 변환들에 대한 논의에 따르면 임의의 반사변환은 방향을 역전시킨다. 따라서 정리 4.35에서 변환 $f(z)$에 평면 $y = 0$에 관한 반사변환 $\Omega_{OX}(z) = \bar{z}$를 적용하면 주어진 결과를 얻는다. 적용의 순서는 상관없다. ◇

[정의 4.16] 복소수 a, b, c, d가 $ad - bc \neq 0$를 만족할 때 $\mathbb{C} \to \mathbb{C}$로의 사상

$$f(z) = \frac{az + b}{cz + d}$$

를 **선형분수변환** (또는 **Möbius 변환**)이라 한다.

이 함수들의 대수는 행렬 $\begin{pmatrix} a & b \\ c & d \end{pmatrix}$의 대수와 같이 행동한다. 이 함수에 관해 더 자세한 내용이 본인의 졸저 복소해석학원론 [10]에 다루어졌다.

4.7 삼각형의 면적

P, Q와 R을 공선점이 아닌 점들이라 하자. **삼각형** PQR은 세 개의 작은쪽 선분들 PQ, QR과 PR의 합으로 정의한다. 선분들은 삼각형의 **변**이라 부르고 각 변의 길이는 그것의 끝점사이의 거리와 같다. 삼각형의 내부는 $\mathbb{E}^2$에서와 같이 정의된다.

참고 삼각형에 대한 우리들의 정의는 오직 가능한 하나는 아니다. 그러나, 이것은 다음과 같은 성질을 가지고 있기 때문에 이 정의를 가지고 일하기가 가장 쉽다 :

i. 세 개의 공선점이 아닌 점들은 삼각형을 이룬다.

ii. 모든 삼각형들은 적당한 반평면에 놓여 있다.

4.5절과 4.6절에서 살펴 보았듯이 구면은 평면과 국소적 등거리 등치가 아니다. 이는 $\mathbb{S}^2$에서는 성립하지만 다른 어떤 Euclid 원반에서도 성립하지 않는 국소 기하학

적 성질을 알아봄으로써 확실하게 알 수 있다. Euclid 삼각형의 내각의 합이 π임을 안다 (정리 3.37). 이에 반해 구면에서는 다음과 같은 성질이 성립한다 :

[정리 4.36 (Harriot(1603))] 각 α, β, γ를 갖는 구면 삼각형 Δ에서, 함수

$$\text{각초과}(\Delta) = \alpha + \beta + \gamma - \pi$$

는 **Δ의 면적**과 같고, 따라서 양수이다.

증명 연습문제로 남긴다. ◇

이 Harriot 정리에 의하면 세 각이 모두 직각인 구면 삼각형이 존재한다.

4.8 타원기하학

구면기하학과 다른 두 기하학 (Euclid 기하학과 5 장에서 다룰 쌍곡기하학)사이에는 비슷한 점들이 많이 있다. 그러나, 몇 가지 중요한 차이점도 또한 있다. 대원은 분명히 Euclid 직선의 구면 유사이다. 그러나, 두 개의 서로 다른 Euclid 직선은 기껏해야 한 점에서 만나지만 (정리 2.4), 두 개의 서로 다른 대원은 원점 대칭인 두 점에서 항상 만난다. 그렇다면 그 자신이 $\mathbb{S}^2$는 아니지만 $\mathbb{S}^2$와 **국소적으로 같은** 그러면서 앞의 이례성을 극복할 수 있는 기하학 모형을 만들 수 있을까 ? 이제부터 상상의 나래를 활짝 펴 보자. 먼저 구면 $\mathbb{S}^2$의 곡면으로 이루어진 구면 평판면을 상상하라. 더 나아가 이 땅의 거주자들의 각자가 $\mathbb{S}^2$위의 원점 대칭 위치를 항상 점유하는 각각이 분리를 인지하지 않고 그 자신들을 단일 실체로 생각하는 두 부분으로 이루어졌다고 상상하자. 따라서 그러한 거주자의 임의의 치환은 그들의 반이 구면의 원점대칭이 되는 두 개의 그것의 반의 동시 치환으로 이루어져 있다. 그러한 거주자는 구면위의 원점대칭점의 쌍을 동일한 위치로 생각한다. 이 창조관점으로부터 모든 두 개의 대원은 두 점처럼 보이는 한 개의 위치에서 만난다. 물론 이 거주자는 대원을 우리가 대원으로 관찰하는 것의 반으로 경험할 것이다. 더욱이, 이 거주자가 삼각형을 따라갈 때 우리는 각각이 다른 것의 원점대칭상인 두 삼각형이 나타남을 볼 것이다. 쉽게 말하면, 이 곡면은 원점대칭사상 E에 의해 이루어진 군에 의한 $\mathbb{S}^2$의 상집합이다. 즉, 반구에서 적도의 점들이 원점대칭사상 E에 의해 동일화된 곡면이다.

이 구면 평판면의 기하학을 **타원기하학**이라 한다. 모든 두 타원점은 유일한 타원직선에 의해 연결될 수 있다는 점에서 Euclid 기하학 (또는 쌍곡기하학)과 비슷하다. 그러나, 평행타원직선은 존재하지 않는다. 따라서 타원기하학 또한 그 안에서 Playfair의 공준(평행선 공준)을 만족하지 못한다는 의미에서 비 Euclid 기하학이다.

구면과 마찬가지로 타원평면도 그것의 기하학적 성질들을 명확히 하는 방법으로 Euclid 평면위로 사상할 수 있다. 이 경우 알맞은 사상은 중심을 구면의 중심으로 하는 **중심사영**이다. 중심사영은 타원평면의 직선을 평면의 직선으로 보낸다. 이 때 적도위의 점들에 대한 상은 제공하지 못한다. 이 상을 표현하기 위해 평면에 "무한점"을 더하는 것이 바람직하다. 적도위의 각각의 원점 대칭점은 상 직선의 "무한끝점"의 쌍에 대응한다. 원점에 대칭인 두 점을 하나의 점으로 보기 때문에 이 상 직선의 두 끝점을 하나의 "무한점"으로 보는 것이 당연하다.

5.9절에서 쌍곡기하학의 관점에서 이 기하학을 다시 한번 살펴 보겠다.

연습문제

1. 두 개의 대원은 원점에 대칭인 점들, 즉 형태 $(x, y, z), (-x, -y, -z)$의 쌍에서 교차함을 증명하라.

2. $\mathbb{E}^3$에서 직선 $P + [v]$와 $Q + [w]$가 교차할 필요충분조건은

$$\langle Q - P, v \times w \rangle = 0$$

인 것임을 증명하라.

3. 문제 2의 직선들이 교차하지 않는다고 가정하자. 그들 사이의 (가장 짧은) 거리를 구하라.

4. 정리 4.3을 증명하라.

5. $\mathbb{S}^2$의 주어진 세 점 P, Q, R에 대해 P, Q와 R이 공선점이 되는지 안되는지를 결정하기 위해 취해야 할 계산들이 무엇인가 ? 그것을 점들

$$\begin{pmatrix} \frac{1}{\sqrt{2}} \\ 0 \\ \frac{1}{\sqrt{2}} \end{pmatrix}, \quad \begin{pmatrix} \frac{1}{\sqrt{5}} \\ \frac{2}{\sqrt{5}} \\ 0 \end{pmatrix} \quad \text{와} \quad \begin{pmatrix} 0 \\ \frac{-2}{\sqrt{5}} \\ \frac{1}{\sqrt{5}} \end{pmatrix}$$

에 적용하라.

6. P와 Q를 $\mathbb{S}^2$의 서로 다른 점이라 하자.

$$\{X \in \mathbb{S}^2 \mid d_s(X,P) = d_s(X,Q)\}$$

가 직선임을 보이고 그것의 극에 대한 표현을 구하라.

7. 정리 4.6의 명제 (i) – (iii)을 증명하라.

8. 정리 4.8을 증명하라.

9. 정리 4.9를 증명하라. 특히, 다음을 증명하라.

   i. ξ가 l의 극일 때, m의 극은 $\pm\dfrac{\xi \times P}{|\xi \times P|}$이다.

   ii. 교점들은

   $$\pm\frac{P - \langle P,\xi\rangle\xi}{(1 - \langle P,\xi\rangle^2)^{\frac{1}{2}}}$$

   이다.

   iii. P로부터 l까지의 거리는

   $$\cos^{-1}(\pm(1 - \langle P,\xi\rangle)^{\frac{1}{2}})$$

   이다.

10. 정리 4.11 (i)과 정리 4.12를 증명하라.

11. 정리 4.14와 정리 4.15는 유클리드 기하학인 경우에 사용되어졌던 것과 똑같은 계산에 의해 증명될 수 있음을 보여라.

12. 정리 4.20을 증명하라.

13. $\mathbb{S}^2$의 등거리변환은 공선성을 보존함을 증명하라.

14. 등거리변환의 고정점에 관한 정리 4.26을 증명하라.

15. 등거리변환의 불변선에 관한 정리 4.27과 4.28을 증명하라.

16. 만약 $\mathbb{S}^2$의 등거리변환이 P를 고정하고 Q를 $-Q$로 보낸다면, $\langle P, Q\rangle = 0$임을 보여라.

17. $P = (1, 1, 0)$과 $Q = (3, 2, 1)$을 $\mathbb{E}^3$의 점들이라 하자. $X = \dfrac{P}{|P|}$, $Y = \dfrac{Q}{|Q|}$라 하자.

    i. X의 하나의 원소로, $\overleftrightarrow{XY}$의 극을 다른 하나로 갖는 정규직교기저를 구하라.

    ii. 이 기저에 관한 ($\mathbb{S}^2$의 등거리변환으로서) H_X와 H_Y의 행렬들을 계산하라.

18. $\alpha^4 = I$를 만족하는 $\mathbb{S}^2$의 등거리변환 α를 분류하라. (등거리변환, 합동과 직교변환들은 근본적으로 같은 것이라는 사실을 사용할 수 있다.),

19. $\alpha^2 = I$이지만 $\alpha \neq I$인 $\mathbb{S}^2$의 모든 등거리변환 α를 구하라. 그러한 등거리변환을 **대합**이라 부른다. α와 β가 대합들이라면 $\alpha\beta$도 대합인가 ?

20. P를 $\mathbb{S}^2$의 점이라 하고, l을 $\mathbb{S}^2$의 직선이라 하자.

$$(\Omega_l H_P)^2 = I$$

일 필요충분조건은 P가 l의 극이거나 $P \in l$인 것이다.

21. 만약 $l \perp m$이고 $m \perp n$이라면 $\Omega_l \Omega_m \Omega_n$은 무엇인가 ?

22. 반회전에 관한 다음 식을 증명하라 :

$$H_P X = 2\langle X, P\rangle P - X.$$

23. 고정점이 없는 세 개의 반사변환들의 곱을 구하라.

24. Euler 정리를 사용하지 말고 두 개의 회전변환의 곱이 회전변환임을 보여라.

25. γ를 미끄럼 반사변환이라 하자. γ가 반사변환 또는 $\gamma = E$가 아니라면 γE는 정확히 두 개의 (원점 대칭) 고정점을 가짐을 증명하라.

26. 어떠한 조건하에서 반사변환과 반회전이 교환되는가 ?

27. 정리 4.32를 증명하라.

28. 식

$$H_P H_Q H_R = H_R H_Q H_P$$

를 증명하거나 반례를 들어라.

29. 주어진 각이 여러가지 방법으로 표현될 수 있을 지라도 그것의 래디안 측도의 정의는 그 표현에 독립적임을 증명하라.

30. 정리 4.10의 증명에서 빠진 논의를 채워라.

31. P, Q와 R을 $\mathbb{S}^2$의 서로 다른 점들이라 하자. Q와 R이 모두 P에 원점대칭이 아니라고 하자. $\overrightarrow{PQ} = \overrightarrow{PR}$일 필요충분조건은 P, Q, R이 공선점이고, Q가 PR위에 있거나, R이 PQ위에 놓여 있는 것임을 증명하라. (PR과 PQ는 작은쪽 선분으로 택한다.)

32. $\{X \mid \langle X, \xi \rangle \geq 0\}$은 반직선임을 밝혀라. 횡단막대 정리가 $\mathbb{S}^2$에서 유효한가 ?

33. 선분 (또는 반직선)의 등거리변환 상도 선분 (또는 반직선)임을 보여라.

34. P와 Q를 $\mathbb{S}^2$의 점이라 하자. 그러면 그것들을 서로 교환하는 유일한 반사변환이 존재함을 증명하라.

35. $\mathfrak{s}$를 선분이라 하자. $\mathfrak{s}$의 **이등분선**은 Ω_l이 $\mathfrak{s}$의 양 끝점을 서로 교환하는 유일한 직선 l이다. 또한 $\mathfrak{s}$의 **수직이등분선**은 $\mathfrak{s}$가 놓여 있는 직선에 수직인 직선으로 정의한다. 선분의 수직이등분선은 그것의 끝점으로부터 같은 거리에 있는 $\mathbb{S}^2$의 모든 점들의 집합임을 증명하라.

36. 주어진 직선의 쌍을 서로 교환하는 정확히 두 개의 반사변환이 있음을 보여라.

37. 임의의 각에 대해 그것의 팔을 교환하는 유일한 반사변환이 존재함을 밝혀라.

38. P와 Q를 직선 l위의 점이라 하자. 그러면 P를 Q로 보내는 l을 따른 평행이동이 정확히 하나 존재함을 증명하라.

39. P, Q, P'과 Q'을 직선 l위에 놓여 있는 (꼭 서로 다르지는 않은) 점들이라 하자. $d(P, P') = d(Q, Q')$이라 가정하자. 그러면, $TP = P'$이고, $TP' = Q'$이 되는 등거리변환 T가 존재함을 보여라.

40. 두 선분이 합동일 필요충분조건은 그들이 같은 길이를 갖는 것임을 증명하라.

41. 삼각형의 세 변의 수직이등분선은 공점임을 증명하라.

42. 구면기하학에서도 아핀기하학에서 성립하는 두 삼각형의 합동에 대한

    i. SSS 정리 (정리 3.35), SAS 정리 (정리 3.36)가 성립하고,

    ii. 여기에 덧붙여 AAA 정리–대응하는 세 각이 같은 삼각형은 합동이다–가 성립하며,

    iii. 두 각이 합동일 필요충분조건은 그들이 같은 래디안 측도를 가지는 것임을 증명하라.

43. 구면 $\mathbb{S}^2$위의 곡선 γ가 $t \in \mathbb{R}$에 의해 매개변수화되었다 하자. 그러면 γ의 길이는 다음과 같이 주어진다.

$$l_s(\gamma) = \int_a^b \frac{2|z'(t)|}{1+|z(t)|^2} dt.$$

또한 $\mathbb{S}^2$위의 임의의 평면 영역 Φ의 넓이는

$$\text{area}_s(\Phi) = \int\int_\Phi \frac{4rdrd\vartheta}{(1+r^2)^2}$$

로 주어진다.

    i. 이 식을 이용해 $\mathbb{S}^2$위의 대원의 길이를 구해 보고, 이것을 식 (4.1)에 의해 구한 것과 비교해 보라.

    ii. $\mathbb{S}^2$위의 두 개의 대원이 α의 각을 이루면서 만드는 영역의 넓이를 구하라.

    iii. 타원평면의 면적과 $\mathbb{S}^2$의 면적을 구하라.

    iv. 정리 4.36을 증명하라.

제 5 장 쌍곡기하학

역사적으로 말하면, 쌍곡평면은 비 Euclid 평면 – 끝이 없는(무계인) 직선과, 각각의 직선 l과 점 $P \in l$에 대해 l과 만나지 않는 P를 지나는 직선 l'이 적어도 한 개 있는 곡면 – 의 탐색의 한 결과이다. 그러한 곡면은 구면과는 반대의 방법으로 Euclid 평면으로부터 떨어져 나왔다. (구면에서는 위의 성질을 갖는 직선 l'이 하나도 없다.)

5.1 쌍곡평면

쌍곡거리

x–축이 무한정 추운 부가된 카아티젼 좌표를 가진 2 차원 우주를 생각하자. 더욱이 이 우주의 물체가 x–축에 접근함에 따라 기온이 내려가 이 물체들을 작아지게 한다고 상상하자. 따라서 이 이상한 나라의 거주자들은 $P(0,1)$에서 $P'(1,1)$로의 수평직선을 따라 걷는 것이 $Q(0,0.5)$에서 $Q'(1,0.5)$로의 수평직선을 따라 걷는 것보다 시간이 적게 든다는 것을 알게 될 것이다 (그림 5.1). 그것들의 자들은 그것들이 작아지는 만큼 작아지기 때문에 이 관찰은 그들에게는 전혀 이상하지가 않을 것이다. 만약 외부 관찰자가 볼 때 이 축소가 주어진 물체의 길이가 x–축으로부터의 그것까지의 거리에 반비례한다면 거주자들은 P에서 P'까지 걷는 것은 Q에서 Q'까지 걷는 시간의 반이 걸리고 $R(0,0.1)$에서 $R'(1,0.1)$까지 걷는 시간의 $\frac{1}{10}$이 걸림을 알게 될 것이다.

후에 보겠지만 x–축의 특성은 아래 반평면과 위 반평면 사이에 어떠한 대화도 불가능하게 만든다는 것이다. 결과적으로 우리의 관심을 위반평면에 제한하고 이것을 **쌍곡평면** $\mathbb{H}$라 한다. 이것은 또한 **Poincaré 위반평면**으로 알려져 있다. 쌍곡평면과

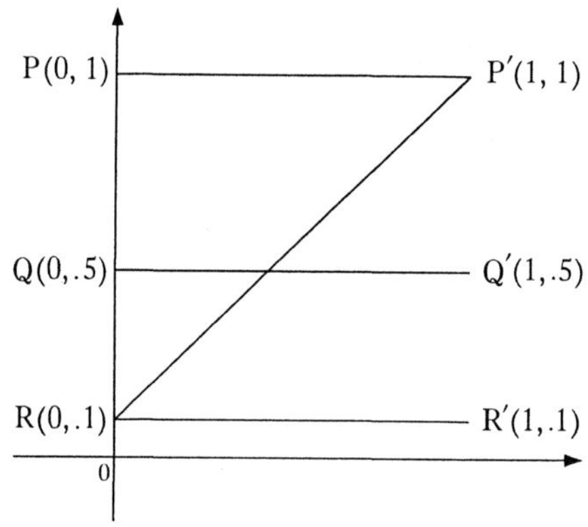

그림 5.1 PP'의 쌍곡거리 $<$ RR'의 쌍곡거리

Euclid 평면을 구별하는 것은 주변공간이 아니라 이 공통 주변공간에서 거리를 재는 방법임을 인지하는 것은 매우 중요하다. 대강 말해서 앞에서 말한 쌍곡거리는 비율 상수를 1로 택하여

$$\text{쌍곡길이} = \frac{\text{Euclid 길이}}{y}$$

로 정의한다. 이것을 쌍곡길이의 공식정의로 채택하는 것은 문제가 있음을 여러분들에게 경고한다. 실제로 이것은 P에서 P'을 잇는 수평선분의 쌍곡길이는 $\frac{1}{1} = 1$이고 R에서 R'을 잇는 수평선분의 쌍곡길이는 $\frac{1}{0.1} = 10$임을 말해준다. 그러나, 이 식은, 예를 들어 R에서 P 또는 P'을 잇는 선분의 쌍곡길이들을 계산하는 즉각적인 방법을 제공해 주지 못한다. 이 직선들을 다루기 위해서는 극소미분을 이용해야 한다. $P(x, y), Q(x + dx, y)$와 $R(x + dx, y + dy)$를 극소삼각형이라 하자. 극소선분 PR의 Euclid 길이는 물론

$$PR\text{의 Euclid 길이} = \sqrt{dx^2 + dy^2}$$

이다. 이에 따라, 극소선분 PR의 쌍곡길이를

$$PR\text{의 쌍곡길이} = \frac{\sqrt{dx^2 + dy^2}}{y} \tag{5.1}$$

으로 다시 대강 정의한다. 이 정의는 쌍곡길이의 계산을 미적분학의 계산으로 만들어 준다. 예를 들어, R과 P를 잇는 선분을 따라서는 $dx \equiv 0$이고, 따라서

$$RP\text{의 쌍곡길이} \quad = \quad \int_{0.1}^{1} \frac{dy}{y} = \ln 1 - \ln 0.1$$

$$= \ln 10 \approx 2.303$$

을 얻는다. 사선 RP'을 생각해 보면, 이 직선의 방정식은

$$y - 0.1 = \frac{1 - 0.1}{1 - 0}(x - 0),$$

즉,

$$y = 0.9x + 0.1$$

이다. 미분하면

$$dy = 0.9dx$$

를 얻는다. y와 dy의 이 값을 (5.1)에 대입하고 RP'을 따라 극소선분들의 쌍곡길이들을 더하기 위해 적분을 하면

$$\begin{aligned} RP'\text{의 쌍곡길이} &= \int_0^1 \frac{\sqrt{dx^2 + (0.9dx)^2}}{0.9x + 0.1} \\ &= \sqrt{1.81}\int_0^1 \frac{dx}{0.9x + 0.1} = \frac{\sqrt{1.81}}{0.9}\left[\ln(0.9x + 0.1)\right]_0^1 \\ &\approx 3.442 \end{aligned}$$

를 얻는다. 따라서 (5.1)은 임의의 곡선의 쌍곡길이를 정적분으로 표현하는 좋은 방법을 우리에게 제공해 주게 된다. 임의의 곡선 γ의 **쌍곡길이**를 표현

$$d_h(\gamma) = \int_\gamma \frac{\sqrt{dx^2 + dy^2}}{y} \tag{5.2}$$

으로 정의한다. 예를 들어 점 $(2, 4)$와 $(3, 9)$를 잇는 포물선 $y = x^2$의 일부의 쌍곡길이는

$$\int_2^3 \frac{\sqrt{dx^2 + (2xdx)^2}}{x^2} = \int_2^3 \frac{\sqrt{1 + 4x^2}}{x^2}dx$$

이다. 이 적분은 계산하기 쉽지는 않지만 Simpson 법칙에 의해 적당한 정확성을 보장하면서 계산될 수 있다. 따라서 실제로 쌍곡평면상의 임의의 곡선의 쌍곡길이를 계산하는 방법을 갖게 되었다.

[**정리 5.1**] Γ를 중심이 $C(c, 0)$이고 반지름이 r인 Euclid 원이라 하자. P와 Q를 양의 $x-$축과 반지름 CP와 CQ가 (Euclid) 각 α와 β $(\alpha < \beta)$를 각각 이루는 Γ위의 점이라 하자. 그러면

$$\text{호 } PQ\text{의 쌍곡길이} = \ln \frac{\csc\beta - \cot\beta}{\csc\alpha - \cot\alpha}$$

이다.

위의 정리는 $x-$축에 중심을 둔 원호의 쌍곡길이는 호의 양 끝점을 지나는 반지름이 양의 $x-$축에 대한 기울기에만 의존함을 말한다. 따라서 다음의 정리가 성립한다.

[**따름정리 5.1**] PQ와 $P'Q'$이 x 축위에서 같은 중심 C를 갖는 Euclid 원들의 호이고 각각의 세짝 C, P, P'과 C, Q, Q'이 공선점이라면, 두 개의 호 PQ와 $P'Q'$은 같은 쌍곡길이를 갖는다.

수직 직선의 쌍곡길이도 식 (5.2)에 의해 쉽게 계산된다. 이의 계산은 여러분들에게 맡긴다.

[**따름정리 5.2**] 점 $P(a, y_1)$과 $Q(a, y_2)$ $(0 < y_1 \leq y_2)$를 잇는 Euclid 선분의 쌍곡길이는

$$\ln \frac{y_2}{y_1}$$

이다.

쌍곡직선

앞에서 계산했듯이, 선분 PP', RP와 RP'의 쌍곡길이는 각각 1, 2.303과 3.442이다.

$$3.442 > 1 + 2.303$$

이므로 쌍곡평면에서 두 점을 잇는 Euclid 직선은 두 점 사이에서의 가장 가까운 쌍곡거리가 되지 못함을 알게 된다. 물론 이것은 쌍곡평면에서 주어진 점들의 쌍을 잇는 모든 곡선들 중 쌍곡길이가 가장 짧은 곡선을 구별하는 매우 자연적인 문제를 제시한다. 그러한 곡선들을 **측지선**($\mathbb{H}$-직선)이라 하는데 이것들의 구별이 가능하다는 것은 놀랄만하고, 고맙게도 상당히 쉽다.

[**정리 5.2**] 쌍곡평면의 측지선은

i. $x-$축위에 중심을 둔 Euclid 반원의 호이거나,

ii. $x-$축과 직교하는 Euclid 직선의 선분이다.

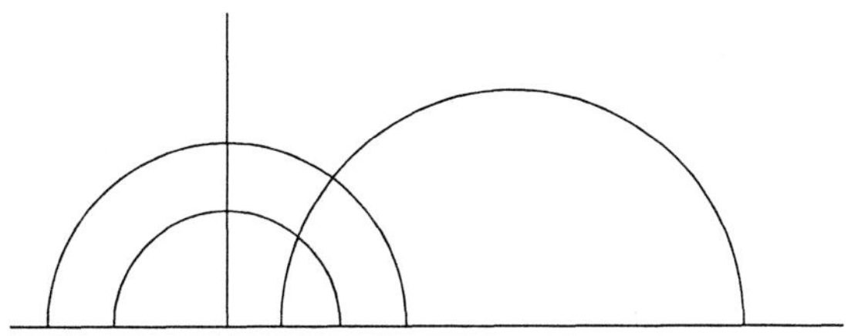

그림 5.2 위반평면상의 측지선들

증명 각각의 경우에서 쌍곡길이를 계산하고 정리 5.1을 이용하라. ◇

$x-$축위에 중심을 두고 위반평면에 놓여 있는 Euclid 반원을 **측지선** 또는 **쌍곡직선**이라 부른다. 위반평면상에 놓여 있는 $x-$축과 직교하는 Euclid 반직선도 같은 이름으로 부른다.

위반평면의 임의의 두 점은 측지선에 의해 연결될 수 있다. $d_h(P, Q)$로 계산되는 점 P와 Q 사이의 **쌍곡길이**는 그들을 잇는 측지선의 쌍곡길이이다.

Euclid 원은 만나지 않거나, 한 점에서 만나거나 또는 두 점에서 만난다. 두 점에서 만나는 중심이 실축상에 있는 두 원은 하나의 교점을 실축의 위쪽에 다른 하나는 아래쪽에 갖는다. 따라서 위반평면에서는 그들은 오직 하나의 교점을 갖는다. 비슷하게 실축에 중심을 둔 원과 수직 선분은 많아야 한 개의 교점을 갖는다. 따라서 임의의 두 측지선은 만나지 않거나 한 점에서 만난다 (그림 5.3).

쌍곡각

지금까지는 평면에서 새로운 길이를 정의했고, 그것의 "직선"이 무엇인지 알았다. 이제 이 새로운 기하학에서 각의 측도를 알아 보자. Euclid의 용어를 쓰면, 각은 그것의 변으로서 임의의 곡선을 허용한다. 그러한 각의 Euclid 측도는 각을 이루는 변들의 꼭지점에서의 두 접선에 의해 이루어지는 각의 일반적 측도로 정의된다. 이 더 일반적인 개념상에서 합동이 아닌 각들이 같은 측도를 가질 수 있는 경우가 쉽게 생겨날 수 있다. 실제로, 한 변이 x 축이고 다른 한 변이 $y = x^n$ $(n = 2, 3, \cdots,)$인 원

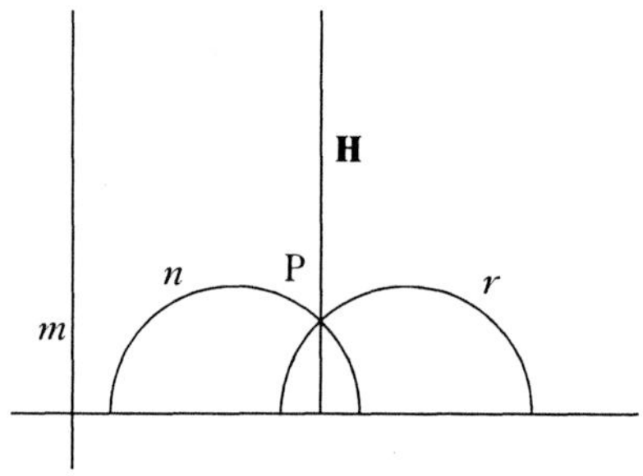

그림 5.3 위반평면상의 교점

점에서의 모든 각들은 같은 각측도 0을 갖는다. 쌍곡길이와 측지선에 반해, **각의 쌍곡측도**를 정의하는 것은 의외로 쉽다. 각의 쌍곡측도는 그것의 Euclid 측도와 같다. 여러분들이 이 정의가 너무 쉽다고 느꼈다면, 그것은 맞다. 사실은 기하학적 측도는 임의로 정의될 수 없다. 그것들은 Euclid의 공통 관념에서 명시된 성질들을 가져야 한다. 더욱이, 측지선분의 길이와 (측지선분에 의해 이루어지는) 직선각의 측도에 대해서는 같은 측도를 갖는다면 합동이 됨을 예측할 수 있다. 즉, 동일한 길이를 갖는 측지선분들은 합동이고, 같은 측도를 갖는 직선각에 대해서도 마찬가지이어야 한다 (문제 10).

5.2 Euclid 기하학 대 쌍곡기하학

기하학의 역사에서 살펴 본 Euclid의 처음 네 개의 공준은 쌍곡기하학에서도 역시 성립하지만 평행공준은 성립하지 않는다. 여기서 이것들을 다시 살펴 보자.

공리 1. 임의의 서로 다른 두 점을 지나는 직선 l이 유일하게 존재한다 – 정리 5.2의 다음 부분에서 보장되었다.

공리 2. 임의의 직선안에 유한 선분을 연속하게 잡을 수 있다.

공리 3. 중심이 있고 반지름이 있는 원이 존재한다.

그러나 다음 정리들은 좀 의외로 받아 들여 질 것이다. 증명없이 제시하겠다.

[정리 5.3] 위반평면에서 모든 Euclid 원은 또한 쌍곡원이다.

[정리 5.4] 만약 원이 Euclid 중심 (h,k)와 Euclid 반지름 r을 갖는다면 그것은 쌍곡 중심 (H,K)와 쌍곡반지름 R을 갖는다. 여기서

$$H = h,\ \ K = \sqrt{k^2 - r^2},\ \ R = \frac{1}{2}\ln\frac{k+r}{k-r}$$

이고,

$$h = H,\ \ k = K\cosh R,\ \ r = K\sinh R$$

로 주어진다.

[따름정리 5.3] 모든 쌍곡원은 또한 Euclid 원이다.

이제 나머지 두 개의 공준을 살펴보자.

공리 4. 모든 직각은 서로 같다.

공리 5. 주어진 직선 m과 m 위에 있지 않은 점 P에 대해 P를 지나 m과 평행한 유일한 직선이 존재한다.

만일 두 개의 만나지 않는 측지선을 **평행하다**고 정의한다면 공준 5는 위반평면에서는 성립하지 않음을 알 수 있다. 실제로, 그림 5.3의 측지선들 l, n, r은 모두 P를 지나고 측지선 m과 평행이다.

5.3 반평면 모형과 등각 원반 모형

쌍곡평면을 $\mathbb{H}$로 연구하는 것은 $\mathbb{S}^2$를 그것의 입체사영 상 $\mathbb{C}\cup\{\infty\}$로 연구하는 것과 같다. 다만 이 때 $\mathbb{H}$로 후퇴사상시킬 "실제" 쌍곡평면이 없다는 것을 제외하고는 말이다. 거리함수 $ds = \dfrac{\sqrt{dx^2+dy^2}}{y}$을 가진 $\mathbb{H}$를 **쌍곡평면**이라 한다. 물론 다른 것도 그렇게 될 수 있지만 $\mathbb{H}$와 등거리 동치인 곡면은 같은 이름을 가질 수 있으므로 이 $\mathbb{H}$를 쌍곡평면의 **모형**으로 부른다. 실제로, 보통 사용하는 쌍곡평면에는 여러가지가 있는데 특별한 하나는 $\mathbb{H}$를 잘 보완하는 단위원반인 $\mathbb{D}$-모형이다. 이 절의 끝에서 $\mathbb{H}$의 몇 가지 불편한 특징들을 제시한 후 $\mathbb{D}$-모형을 소개하겠다.

국소거리함수 $ds = \dfrac{\sqrt{dx^2+dy^2}}{y}$이 주어진 $\mathbb{H}$를 $\mathbb{H}$–모형이라 정의한다. $\mathbb{H}$와 $\mathbb{R}^2$는, 등거리 동치는 아닐 수 있지만, 분명히 위상동형이다. $\mathbb{H}$에서의 **극소거리**

$$ds = \frac{\sqrt{dx^2+dy^2}}{y}$$

은 단지 Euclid 거리 $\sqrt{dx^2+dy^2}$을 y로 나눈 것이므로 둘 사이의 비는 방향에 관계없이 상수이다. 이것은 극소삼각형의 변길이의 비에 의해 결정되는 각은 어느 거리함수에 의해 계산되더라도 같다는 것을 말한다. 이제 $\mathbb{H}$의 또 다른 성질을 찾기 위해서는 등거리변환의 성질로부터 기하학을 유도하는 Klein의 프로그램을 이용해야 한다.

[**정의 5.1**] 사상 $T : \mathbb{H} \to \mathbb{H}$가 만약 모든 $x, y \in \mathbb{H}$에 대해

$$d_h(Tx, Ty) = d_h(x, y)$$

를 만족하면 **등거리변환**이라 부른다.

$\mathbb{E}^2, \mathbb{S}^2$에서와 마찬가지로 $\mathbb{H}$–등거리변환은 공선성을 보존한다. 특히 다음을 얻는다.

[**정리 5.5**] T를 $\mathbb{H}$–등거리변환이라 하자. 그러면 $\mathbb{H}$의 서로 다른 세 점 P, Q와 R이 공선점이기 위한 필요충분조건은 TP, TQ와 TR이 공선점인 것이다.

증명 연습문제로 남긴다. ◇

$\mathbb{H}$–등거리변환들은 $z = x + iy$의 함수들인 복소함수들로 간단하게 표현된다. z에 관해서는 극소거리 $ds = \dfrac{\sqrt{dx^2+dy^2}}{y}$은 $\dfrac{|dz|}{\Im z}$이고, ds를 불변하게 하는 $\mathbb{H} \to \mathbb{H}$로의 함수들중 몇 가지는 다음과 같다 :

(i) $\tau_\alpha(z) = \alpha + z \qquad (\alpha \in \mathbb{R})$

(ii) $d_\varrho(z) = \varrho z \qquad (\varrho \in \mathbb{R}^+)$와

(iii) $\Omega_{OY}(z) = -\bar{z}$ (y–축에 관한 반사변환).

이 함수들은 우리가 Euclid 기하학에서 각각 평행이동, 확대변환과 반사변환으로 다룬 것들이다. 실제로 적당한 형태로 공액화되면 모든 $\mathbb{H}$−등거리변환은 Euclid 사상이 된다. Euclid 확대변환과 평행이동들은 $\mathbb{H}$에서는 다른 기하학적 의미를 갖는다는 것을 인지해야만 하지만 위의 과정은 쌍곡기하학을 가시화하는데 매우 유용하다. Euclid 확대변환 d_ϱ ($\varrho \neq 0$)는 $\mathbb{H}$−확대변환이 아니다. (실제로 $\mathbb{H}$−확대변환은 아무것도 없다.) Euclid 평행이동 τ_α ($\alpha \neq 0$)는, 나중에 보겠지만, 어떤 "측지선"도 불변하지 않게 하지 못하므로, $\mathbb{H}$−평행이동이 아니다. 실제로 d_ϱ는 (y−축을 불변 측지선으로 갖는) $\mathbb{H}$−평행이동이고, τ_α는 쌍곡평면만의 고유한 등거리변환의 한 형태이다.

"분명한" $\mathbb{H}$−등거리변환 (i), (ii), (iii)은 모든 $\mathbb{H}$−등거리변환들을 생성하기에는 충분치 않다. 특히 회전변환이 더 필요한 것으로 느낀다. $\mathbb{H}$−회전변환은 $\mathbb{H}$를 열린 원반 $\mathbb{D}$ 위로 사상함으로써 가장 잘 만들 수 있다. 이 때 다소간의 회전변환들은 원점에 관한 Euclid 회전변환들로서 구체화된다. 이를 위해 먼저 $\mathbb{D}$ 위에서의 등거리변환을 분류하고 이를 $\mathbb{H}$ 위로 옮겨 생각하면 된다.

이제 $\mathbb{H}$에서 $\mathbb{D}$위로의 사상을 구체적으로 구해 보자. 먼저 z−평면을 중심이 $-i$이고 반지름이 $\sqrt{2}$인 원 $C_{-i,\sqrt{2}}$에 대해 반전시키고 (그림 5.4), x−축에 관해 반사시킨다. 중심 $-i$로부터 O와 i까지의 거리의 곱이 $1 \times 2 =$ (반지름)^{2}이기 때문에 반전은 O와 i를 교환한다 : 따라서 연이어서 x−축에 관한 반사변환을 행하면 궁극적으로 O는 $-i$에 사상하게 된다. 이 사상은 $\mathbb{H}$의 점들을 $\mathbb{D}$안에 (± 1은 고정되고, O를 아래 $-i$로 보내고, ∞를 위 i로 보내는) "올바른 방법"으로 보낸다. 또한, 반전의 기하학적 성질에 의해, 원과 각을 보존한다. 특히, $-1, i, 1$을 지나는 $\mathbb{H}$ 상에서의 Euclid 반원은 $\mathbb{D}$ 상의 x−축의 선분으로 사상된다 (그림 5.5). 중심이 d이고 반지름이 ϱ인 원 $C_{d,\varrho}$에 관한 반전사상은 식 (4.9)에 의해 주어진 함수

$$\bar{g}(z) = \frac{d\bar{z} + \varrho^2 - d\bar{d}}{\bar{z} - \bar{d}}$$

이므로, $C_{-i,\sqrt{2}}$에 대한 반전사상은

$$I_C(z) = \frac{-i\bar{z} + 1}{\bar{z} - i}$$

이고, 여기에 x−축에 관한 반사변환을 적용하면 $\mathbb{H}$에서 $\mathbb{D}$ 위로의 사상으로서

$$J(z) = \frac{iz + 1}{z + i}$$

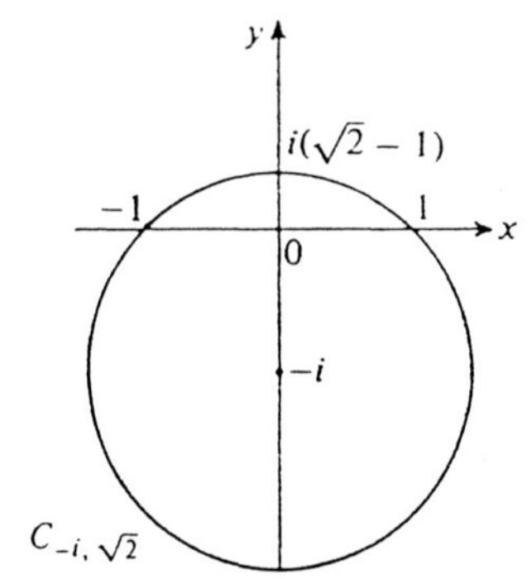

그림 5.4 원에 관한 반전사상

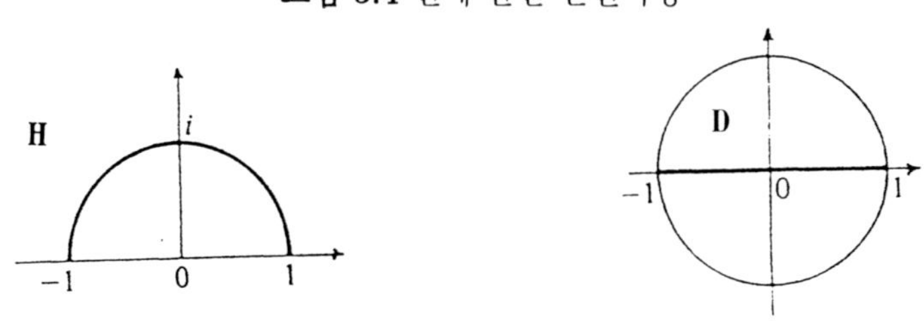

그림 5.5 $\mathbb{H}$에서 $\mathbb{D}$로의 사상

을 얻는다.

두 점 $w_1, w_2 \in \mathbb{D}$ 사이의 $\mathbb{D}$−거리를 그것들의 역상 $J^{-1}(w_1), J^{-1}(w_2) \in \mathbb{H}$ 사이의 $\mathbb{H}$−거리로 정의한다. 따라서 $\mathbb{D}$−등거리변환은 $\mathbb{H}$−등거리변환 h의 공액 JhJ^{-1}이다. O에 관한 Euclid 회전변환들은 실제로 $\mathbb{D}$−등거리변환임을 밝히기 위해 $\mathbb{H}$−거리 $ds = \dfrac{|dz|}{\Im z}$를 w에 관해 전개한다. $w = J(z) = \dfrac{iz+1}{z+i}$이므로 $z = \dfrac{-iw+1}{w-i}$이고, 따라서

$$\begin{aligned} \frac{|dz|}{\Im z} &= \left| d\frac{-iw+1}{w-i} \right| \Big/ \Im\left(\frac{-iw+1}{w-i}\right) \\ &= \frac{|2dw|}{(1-|w|^2)}. \end{aligned}$$

O에 관한 Euclid 회전변환이 $|w|$를 보존하므로 이 회전변환하에서 위의 식은 불변이다 : 따라서 $\mathbb{D}$−등거리변환

(iv) $r_\vartheta(w) = e^{i\vartheta} w \qquad (\vartheta \in \mathbb{R})$

를 얻게 된다. 더욱 일반적으로 $\frac{|2dw|}{(1-|w|^2)}$은 O를 지나는 직선에 관한 Euclid 반사변환하에서 불변이다 ; 특히

(v) $\Omega_{OX}(w) = \bar{w}$

이다. (iv)와 (v)를 각각 (O에 관한) $\mathbb{D}$−**회전변환**과 (실축 OX에 관한) $\mathbb{D}$−**반사변환**이라 부르고, J^{-1}에 의한 그것들의 공액들은 (i에 관한) $\mathbb{H}$−**회전변환**과 (단위원에 관한) $\mathbb{H}$−**반사변환**이라 부른다. 변환 r_ϑ와 Ω_{OX}는 2.3절에서 처럼 rot ϑ와 ref ϑ에 의해 표현될 수 있다 (문제 6).

$\mathbb{H}$−반사변환 $J^{-1}\Omega_{OX}J$는

$$J^{-1}(w) = \frac{-iw+1}{w-i} \overset{\Omega_{OX}(J(z))}{\longrightarrow} J^{-1}(\Omega_{OX}(J(z))) = \frac{-i\bar{w}+1}{\bar{w}-i} = \frac{-i\overline{\left(\frac{iz+1}{z+i}\right)}+1}{\overline{\left(\frac{iz+1}{z+i}\right)}-i} = \frac{1}{\bar{z}}$$

이므로, 실제로 단위원에 관한 반전 I이고, 따라서, I는 $\mathbb{H}$−등거리변환임을 알게 된다. $\mathbb{H}$−등거리변환 (i)과 (ii)에 의해 형성된 $C_{\alpha,\varrho}$에 관한 반전 $\tau_\alpha d_\varrho I d_\varrho^{-1}\tau_\alpha^{-1}$ 또한 $\mathbb{H}$−등거리변환이다. Euclid 직선 $x=\alpha$에 관한 Euclid 반사변환 $\tau_\alpha\Omega_{OY}\tau_\alpha^{-1}$과 함께 이 반전들은 모든 $\mathbb{H}$−반사변환들을 형성한다. 다음 절에서 이것들이 모든 $\mathbb{H}$−등거리변환을 생성함을 볼 것이다. 이의 즉각적인 결과는 $\mathbb{H}$−직선($\mathbb{H}$−반사변환들의 고정점 집합)들이 x−축위에 중심을 둔 Euclid 반원들과 Euclid 반직선들 $x=\alpha$ $(y>0)$로 이루어진다는 것이다.

$\mathbb{H}$ 상의 임의의 두 점 z_1, z_2 사이에 유일한 $\mathbb{H}$−직선이 존재하고, (점이 실축에 접근할수록 $\mathbb{H}$−거리가 무한으로 가기 때문에) $\mathbb{H}$−직선은 부정적으로 확장됨을 보이는 것은 어렵지 않다. 따라서 $\mathbb{H}$−직선은 "평면"상의 "직선"처럼 행동한다 ; 그러나, 공간 $\mathbb{H}$가 Euclid의 평행공준을 만족하지 않으므로 Euclid 직선같이 행동하지는 않는다 (그림 5.3). 앞에서 설명했듯이 $\mathbb{H}$는 오랫동안 찾아왔던 "비 Euclid 평면"이다.

다시 $\mathbb{D}$로 돌아 가면, $\mathbb{D}$−직선은 $\mathbb{D}$ 안의 단위원에 수직인 원호 (circular arcs)임을 알고, 반전사상은 원과 각을 보존함을 이용하자. 물론 $\mathbb{D}$−직선은 $\mathbb{D}$의 지름(Euclid 선분)을 포함한다. 몇 가지 $\mathbb{H}$−직선과 $\mathbb{D}$에서의 그것들의 상이 그림 5.6에 비교되어 있다. $\mathbb{D}$−**반사변환**들은, 예견했듯이, $\mathbb{D}$−직선에 관한 반전사상이다.

요약하면, 쌍곡평면의 $\mathbb{H}$−모형은 거리가 $ds = \frac{|dz|}{\Im z}$인 위 z−반평면이다. $\mathbb{H}$−**직선(측지선)**은 (위반직선 $\Re z =$ 상수를 포함하는) 실축에 직교하는 반원들이고, $\mathbb{H}$−각

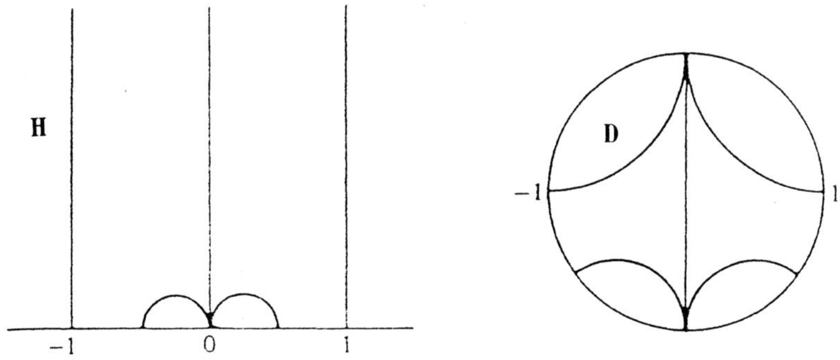

그림 5.6 $\mathbb{H}$−직선과 $\mathbb{D}$−직선

은 Euclid 각과 같다.

$\mathbb{D}$−모형은 거리가 $ds = \dfrac{|2dw|}{(1-|w|^2)}$인 열린 w−단위원반 $\mathbb{D}$이다. $\mathbb{D}$−직선은 ($\mathbb{D}$의 지름을 포함한) $\mathbb{D}$의 경계원에 직교하는 원호이고, $\mathbb{D}$−각은 Euclid 각과 같다. (마지막 성질은 $J : \mathbb{H} \to \mathbb{D}$가 두 개의 반전사상의 곱이기 때문이며, 따라서 각이 보존된다. 동시에 이것이 바로 $\mathbb{D}$−모형을 각을 보존하지 않는 다른 모형 (사영원반모형: 5.9절)과 구별하여 "등각모형"이라 부르는 이유이기도 하다.)

5.4 세 반사변환정리

우리는 우리가 $\mathbb{H}$−등거리변환 (또는 $\mathbb{D}$−등거리변환)을 모두 찾았는지는 아직 모른다. 그러나, 임의의 점이나 직선을 편리한 위치로 가져올 수 있을 정도로는 충분하게 찾았다. 계산을 쉽게 해 주는 위치의 선택에 의해 $\mathbb{H}$−거리의 기본성질들을 유도하겠다. 우리들의 목표는 Euclid와 구면 등거리변환들을 분류하는데 기본이 되었던 보조정리 – 즉, 두 점들의 등거리 집합은 직선이고, 등거리 집합에 관한 반사변환은 이 두 점을 교환한다 – 의 $\mathbb{H}$ 형태를 증명하는 것이다.

첫번째 정리는 $\mathbb{H}$상의 임의의 $\mathbb{H}$−직선 선분 PQ를 $\mathbb{H}$−등거리변환에 의해 y−축으로 옮기는 것에 의존한다. 이것은 P를 τ_α에 의해 y−축 위로 옮기고, Q가 y 축위에 올 때까지 (즉, $\mathbb{D}$ 위에서 Q의 상이 y 축위에 올 때까지) P에 관해 회전시킴으로써 해결된다. 이 $\mathbb{H}$−등거리변환이 원과 각을 보존하므로 P와 Q 사이의 $\mathbb{H}$−직선은 반드시 P와 Q를 지나고 실축에 수직인 원의 일부이다. 이 "원"은 y−축 자신이다.

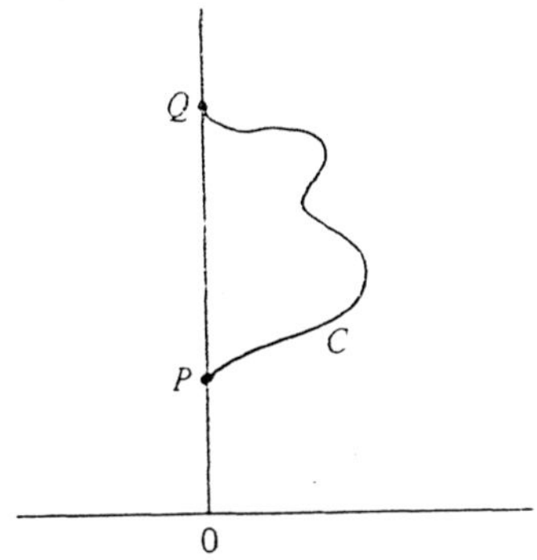

그림 5.7 P와 Q를 잇는 가장 짧은 곡선

[**정리 5.6**] P와 Q 사이의 $\mathbb{H}$–직선 선분은 P와 Q를 잇는 쌍곡길이가 가장 짧은 곡선이다.

증명 위의 논지에 의해 $\mathbb{H}$–직선 선분 PQ가 y 축의 선분이라 가정할 수 있다. 만약 C가 P에서 Q로의 또 다른 곡선이라면 (그림 5.7), 부등식

$$C\text{의 } \mathbb{H}-\text{길이} = \int_C \frac{\sqrt{dx^2+dy^2}}{y} \geq \int_P^Q \frac{dy}{y} = PQ\text{의 } \mathbb{H}-\text{길이}$$

를 얻는다. ◇

[**따름정리 5.4 (삼각부등식)**] $P, Q, R \in \mathbb{H}$을 세 점이라 하면

$$(PR\text{의 } \mathbb{H}-\text{길이}) + (RQ\text{의 } \mathbb{H}-\text{길이}) \geq (PQ\text{의 } \mathbb{H}-\text{길이})$$

가 성립한다. R이 P, Q를 지나는 $\mathbb{H}$–직선위에 있지 않으면 절대부등식이 성립한다.

증명 부등호 "$\geq$"는 $PR \cup RQ$를 곡선 C로 잡고 위의 정리를 적용하면 얻을 수 있다. 만약 R이 P, Q를 지나는 $\mathbb{H}$–직선(y 축이 되게 잡자) 위에 있지 않다면 그림 5.8에서처럼 가정할 수 있다. (R이 P보다 아래에 있어도 증명은 마찬가지다.) PR의 각각의 극소선분은 PS의 대응되는 선분의 $\mathbb{H}$–길이의 k배이다. (여기서 $k \geq \sec \angle RPQ$이다.) 따라서 $k > 1$이고

$$PR\text{의 } \mathbb{H}-\text{길이} > PS\text{의 } \mathbb{H}-\text{길이}$$

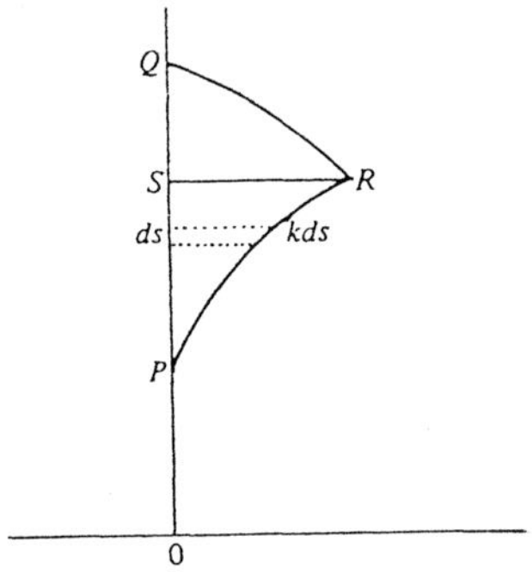

그림 5.8 삼각부등식의 증명을 위한 곡선

가 성립한다. 비슷하게

$$RQ\text{의 } \mathbb{H}-\text{길이} > SQ\text{의 } \mathbb{H}-\text{길이}$$

를 얻으므로

$$(PR\text{의 } \mathbb{H}-\text{길이}) + (RQ\text{의 } \mathbb{H}-\text{길이}) > PQ\text{의 } \mathbb{H}-\text{길이}$$

가 성립한다. ◇

이제 중요한 보조정리를 증명하기 위해, 임의의 $P, P'(\in \mathbb{H})$을 y 축에 대해 서로 거울상이 되는 위치로 옮기고자 한다. 이것은 먼저 P'이 P와 같은 y 좌표를 가질 때까지 P에 관해 회전을 함으로써 해결된다. (그러한 위치는 중간값정리에 의해 반드시 존재한다.) 그 다음 P, P'이 y축으로부터 (Euclid) 등거리에 있도록 적당한 τ_α를 적용한다.

[보조정리 5.1] 두 점 $P, P'(\in \mathbb{H})$으로부터 $\mathbb{H}$–등거리인 점들의 집합은 $\mathbb{H}$–직선 l이고 l에 관한 $\mathbb{H}$–반사변환은 P와 P'을 교환한다.

증명 위에서 살펴 보았듯이 P와 P'이 y축에 관해 거울상이 되도록 선택할 수 있고, 따라서 y축에 관한 반사변환 Ω_{OY}는 P와 P'을 교환한다. Ω_{OY}가 y축위의 각 점 Q를 고정하는 $\mathbb{H}$–등거리변환이므로 그러한 Q는 P와 P'으로부터 $\mathbb{H}$–등거리에 있다. 그러므로 P, P'의 $\mathbb{H}$–등거리 집합은 $\mathbb{H}$–직선인 y축을 포함한다.

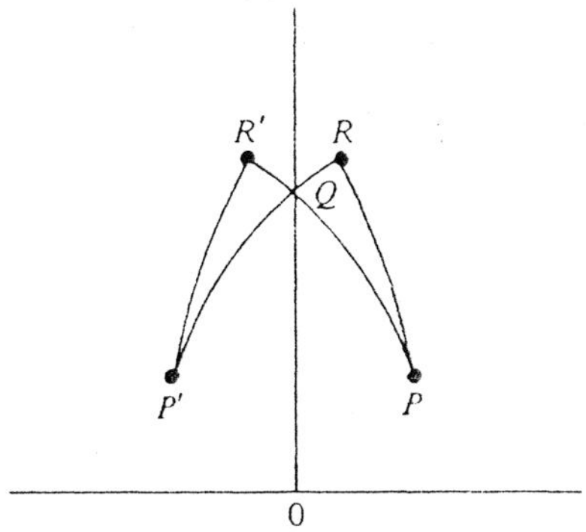

그림 5.9 $\mathbb{H}$–등거리 집합과 거울상

이제 P, P'의 $\mathbb{H}$–등거리 집합이 y축위에 있지 않은 점 R을 포함한다고 가정하자. 그러면 R의 거울상 R'은 (R을 R'으로 보내는 반사변환 Ω_{OY}가 P와 P'을 교환하는 $\mathbb{H}$–등거리변환이므로) 또한 P, P'으로부터 $\mathbb{H}$–등거리이고, 일반성을 잃지 않고, 그림 5.9에 있는 것과 같은 상황을 가정할 수 있다.

$$\begin{aligned} P'R'\text{의 } \quad & \mathbb{H}-\text{길이} = PR\text{의 } \mathbb{H}-\text{길이} \quad (\text{반사변환에 의해}) \\ = \ & P'R\text{의 } \mathbb{H}-\text{길이} \quad (\text{가정에 의해}) \\ = \ & (P'Q\text{의 } \mathbb{H}-\text{길이}) + (QR\text{의 } \mathbb{H}-\text{길이}) \\ = \ & (P'Q\text{의 } \mathbb{H}-\text{길이}) + (QR'\text{의 } \mathbb{H}-\text{길이}) \ (\text{반사변환에 의해}) \end{aligned}$$

를 얻는데, 이는 절대삼각부등식에 어긋난다. 이 모순은 y축이 P, P'의 완전 $\mathbb{H}$–등거리 집합임을 말한다. ◇

이제 모든 $\mathbb{H}$–등거리변환들은 $\mathbb{H}$–반사변환들의 곱임을 보이는데 필요한 모든 것을 얻었다.

[정리 5.7] 각각의 $\mathbb{H}$–등거리변환은 한 개, 두 개 또는 세 개의 $\mathbb{H}$–반사변환들의 곱이다.

증명 Euclid 기하학과 구면기하학의 경우에서처럼, 각각의 등거리변환은 한 직선에 있지 않은 세 점 P, Q, R에 미치는 변환의 효과에 의해 결정된다는 것을 유의하자. 각 점 $A(\in \mathbb{H})$가 $\mathbb{H}$–직선위에 있지 않은 P, Q, R로부터의 $\mathbb{H}$–거리에 의해 결정되기 때문에 위의 논의는 $\mathbb{H}$에서도 성립한다. 만약 P, Q, R로부터 같은 $\mathbb{H}$–거리에 있는 두 점 A, A'이 존재한다면, P, Q, R은 A, A'의 $\mathbb{H}$–등거리 집합에 머무르게 되고, 이는 위의 보조정리에 어긋난다.

이제 주어진 $\mathbb{H}$–등거리변환 f를 $\mathbb{H}$–반사변환들의 곱으로 표현하기 위해 $\mathbb{H}$–직선에 있지 않은 임의의 $P, Q, R(\in \mathbb{H})$을 택하고, 많아야 세 개의 $\mathbb{H}$–반사변환들을 이용한다. 이 때 $\mathbb{E}^2$와 $\mathbb{S}^2$의 경우에서와 꼭같이 각 반사변환들에 의한 등거리 점들의 교환을 사용하여 P, Q, R을 각각 $f(P), f(Q), f(R)$로 보낸다. ◇

[**따름정리** **5.5**] $\mathbb{H}$–등거리변환들의 집합은 군이다.

증명 $\mathbb{E}^2$와 $\mathbb{S}^2$의 경우에서처럼 각각의 반사변환은 자신의 역이므로 따름정리가 성립한다. ◇

5.5 복소함수로서의 등거리변환

모든 $\mathbb{H}$–등거리변환들은 직선 $x = \alpha$나 원 $C_{\alpha,\rho}$에 관한 반전사상들의 곱임을 정립하였으므로, $\mathbb{H}$–등거리변환들을 복소함수로 표현하기 위해 반전사상에 대한 형태를 사용할 수 있다. $\mathbb{E}^2$와 $\mathbb{S}^2$에서와 같이 $\mathbb{H}$–등거리변환은 방향보존 (짝수 개의 반사변환들의 곱)과 방향역전 (홀수 개의 반사변환들의 곱) 등거리변환의 두 집합의 합으로 이루어져 있다. 방향보존 등거리변환들은 모든 $\mathbb{H}$–등거리변환들의 군 $\mathfrak{I}(\mathbb{H})$의 부분군 $\mathfrak{I}^+(\mathbb{H})$를 형성한다. 방향역전 원소들은, Ω_{OY}가 y축에 관한 반사변환일 때 잉여류 $\mathfrak{I}^+(\mathbb{H}) \circ \Omega_{OY}$를 만든다. $\mathfrak{I}^+(\mathbb{H})$의 원소들의 형태를 앎과 동시에 $\Omega_{OY} \notin \mathfrak{I}^+(\mathbb{H})$임을 보게 될 것인데, 이는 Ω_{OY}가 고정점들의 직선을 가졌고, $\mathfrak{I}^+(\mathbb{H})$의 각각의 자명하지 않은 원소는 기껏해야 2 개의 고정점들을 가짐이 알려져 있기 때문이다.

[**정리** **5.8 (Poincaré(1882))**] 실수 $\alpha, \beta, \gamma, \delta$가 $\alpha\delta - \beta\gamma = 1$을 만족할 때, 방향보존 $\mathbb{H}$–등거리변환은

$$f(z) = \frac{\alpha z + \beta}{\gamma z + \delta}$$

의 형태를 갖고, 방향역전 $\mathbb{H}$–등거리변환은

$$\bar{f}(z) = \frac{-\alpha \bar{z} + \beta}{-\gamma \bar{z} + \delta}$$

의 형태를 갖는다.

증명 원 $C_{\varepsilon,\varrho}$ $(\varepsilon \in \mathbb{R})$에 관한 반전사상은 $\bar{g}(z) = \tau_\varepsilon d_\varrho I d_\varrho^{-1} \tau_\varepsilon^{-1}(z)$이므로

$$\bar{g}(z) = \frac{\varepsilon\bar{z} + \varrho^2 - \varepsilon^2}{\bar{z} - \varepsilon}$$

으로 주어지고 (식 (4.9) 참고), 이것의 행렬식은 $-\varepsilon^2 - \varrho^2 + \varepsilon^2 = -\varrho^2$이다. 따라서 분자 분모에 $\dfrac{1}{\varrho}$을 곱해 행렬식이 -1이 되게 한다. 마찬가지로 $x = \varepsilon$에 관한 반사변환 $\tau_\varepsilon \Omega_{OY} \tau_\varepsilon^{-1}$은 행렬식이 -1인 함수

$$\bar{h}(z) = \varepsilon - \overline{(-\varepsilon + z)} = -\bar{z} + 2\varepsilon = \frac{-\bar{z} + 2\varepsilon}{1}$$

이다. 그러므로 임의의 두 $\mathbb{H}$–반사변환의 곱은 다음과 같은 형태의 함수이다 :

$$f(z) = \frac{\alpha z + \beta}{\gamma z + \delta} \qquad (\alpha\delta - \beta\gamma = 1).$$

이러한 함수를 다른 $\mathbb{H}$–반사변환과 곱하면 함수

$$\bar{f}(z) = \frac{\alpha'\bar{z} + \beta'}{\gamma'\bar{z} + \delta'} \qquad (\alpha'\delta' - \beta'\gamma' = -1)$$

을 얻는데, 이는

$$\bar{f}(z) = \frac{-\alpha\bar{z} + \beta}{-\gamma\bar{z} + \delta} \qquad (\alpha\delta - \beta\gamma = 1)$$

과 같다. 세반사변환정리 5.7에 의해 이것들은 모든 $\mathbb{H}$–등거리변환을 포함한다.

역으로 함수

$$f(z) = \frac{\alpha z + \beta}{\gamma z + \delta} \qquad (\alpha\delta - \beta\gamma = 1)$$

를 살펴보자. 이것을 다시 쓰면

$$f(z) = \frac{\alpha}{\gamma} - \frac{1}{\gamma(\gamma z + \delta)}$$

이 된다. $\gamma > 0$이라 가정하면, 이 함수는 $\mathbb{H}$–등거리변환들 $z \mapsto \gamma z$, $z \mapsto z + \varepsilon$ $(\varepsilon = \delta, \dfrac{\alpha}{\gamma})$와 $z \mapsto -\dfrac{1}{z}$ ($z \mapsto \dfrac{1}{\bar{z}}$과 $z \mapsto -\bar{z}$의 곱)의 곱이다. 따라서 함수 자신은 $\mathbb{H}$–등거리변환이다. 만약 $\gamma < 0$이면

$$f(z) = \frac{-\alpha z - \beta}{-\gamma z - \delta}$$

로 쓰고 같은 논의를 반복한다. 마지막으로 $\gamma = 0$이면

$$f(z) = \frac{\alpha}{\delta}z + \frac{\beta}{\delta} \qquad (\alpha\delta = 1)$$

이 되고 동시에 $\frac{\alpha}{\delta} > 0$이다. 따라서 이것은 $\mathbb{H}$−등거리변환 $\tau_{\frac{\beta}{\delta}} d_{\frac{\alpha}{\delta}}$이다.

이 경우 각각의 τ_ε 또는 d_ϱ가 두 $\mathbb{H}$−반사변환들의 곱이므로 f는 방향을 보존한다.

두 번째로

$$\bar{f}(z) = \frac{-\alpha\bar{z} + \beta}{-\gamma\bar{z} + \delta}$$

를 살펴보자. 이 함수는

$$f(z) = \frac{\alpha z + \beta}{\gamma z + \delta}$$

에 $\Omega_{OY}(z) = -\bar{z}$를 곱한 것이다. $f(z)$는 방향보존 $\mathbb{H}$−등거리변환이므로 $\bar{f}(z) = f(\Omega_{OY}(z))$는 방향역전 $\mathbb{H}$−등거리변환이다. ◇

[따름정리 5.6] 방향보존과 방향역전 등거리변환 집합은 서로의 여집합이다.

증명 정리의 앞에서 논의한 것에 따르면 Ω_{OY}가 방향을 보존하지 못한다는 사실만 증명하면 된다. 이는 Ω_{OY}가 고정점 집합으로 y축을 갖지만 각각의 방향보존 $\mathbb{H}$−등거리변환은 많아야 2 개, 즉, 2차방정식

$$z = \frac{\alpha z + \beta}{\gamma z + \delta}$$

의 해를 고정점으로 갖기 때문에 분명하다. ◇

[따름정리 5.7] $\mathbb{H}$−등거리변환은 복소수 a, b가 $|a|^2 - |b|^2 = 1$을 만족할 때 방향보존인 경우로 함수

$$f(z) = \frac{az + b}{\bar{b}z + \bar{a}}$$

와 방향역전의 경우로 함수

$$\bar{f}(z) = \frac{a\bar{z} + b}{\bar{b}\bar{z} + \bar{a}}$$

로 주어진다.

증명 5.3절에서 보았듯이 $\mathbb{D}$−등거리변환은, h가 $\mathbb{H}$−등거리변환이고

$$J(z) = \frac{iz + 1}{z + i}, \quad J^{-1}(z) = \frac{-iz + 1}{z - i}$$

이라면, 함수 JhJ^{-1}이다. 만약 h가 방향보존 $\mathbb{H}$–등거리변환 $h(z) = \dfrac{\alpha z+\beta}{\gamma z+\delta}$라면 JhJ^{-1}는 행렬

$$\begin{pmatrix} i & 1 \\ 1 & i \end{pmatrix}\begin{pmatrix} \alpha & \beta \\ \gamma & \delta \end{pmatrix}\begin{pmatrix} -i & 1 \\ 1 & -i \end{pmatrix} = \begin{pmatrix} \alpha+i\beta-i\gamma+\delta & i\alpha+\beta+\gamma-i\delta \\ -i\alpha+\beta+\gamma+i\delta & \alpha-i\beta+i\gamma+\delta \end{pmatrix}$$

를 갖고, 이 때 행렬식은

$$\det\begin{pmatrix} i & 1 \\ 1 & i \end{pmatrix}\det\begin{pmatrix} \alpha & \beta \\ \gamma & \delta \end{pmatrix}\det\begin{pmatrix} -i & 1 \\ 1 & -i \end{pmatrix} = (-2)1(-2) = 4$$

이다. $c = \alpha+i\beta-i\gamma+\delta$, $d = i\alpha+\beta+\gamma-i\delta$라 놓으면 행렬은

$$\det\begin{pmatrix} c & d \\ \bar{d} & \bar{c} \end{pmatrix}$$

형태가 된다. 이 때 $4 = \det = c\bar{c}-d\bar{d} = |c|^2-|d|^2$이고, 따라서 $\dfrac{c}{2} = a$, $\dfrac{d}{2} = b$라 놓으면

$$f(z) = JhJ^{-1}(z) = \frac{az+b}{\bar{b}z+\bar{a}} \qquad (|a|^2-|b|^2 = 1)$$

로 쓸 수 있다.

역으로 이 모양의 임의의 함수는 실수 $\alpha, \beta, \gamma, \delta$를 알맞게 택함으로 얻어 질 수 있다. a, b가 $|a|^2-|b|^2 = 1$을 만족하는 복소수라면 $c = 2a, d = 2b$라 놓고, 연립방정식

$$\begin{aligned} c &= \alpha+i\beta-i\gamma+\delta \\ d &= i\alpha+\beta+\gamma-i\delta \end{aligned}$$

를 $\alpha, \beta, \gamma, \delta$에 관해 푼다. 이 해들은

$$\alpha = \Re a+\Im b, \qquad \beta = \Re b+\Im a$$
$$\gamma = \Re b-\Im a, \qquad \delta = \Re a-\Im b$$

들이고 $\alpha\delta-\beta\gamma = |a|^2-|b|^2 = 1$을 만족한다.

마지막으로 방향역전 $\mathbb{D}$–등거리변환

$$\bar{f}(z) = \frac{a\bar{z}+b}{\bar{b}\bar{z}+\bar{a}} \qquad (|a|^2-|b|^2 = 1)$$

을 생성하기 위해서는 위에서 얻은 $f(z)$와 방향역전 $\mathbb{D}$–등거리변환 $\Omega_{OX}(z) = \bar{z}$를 합성한다. 즉 $\bar{f}(z) = f(\Omega_{OX}(z))$이다. ◇

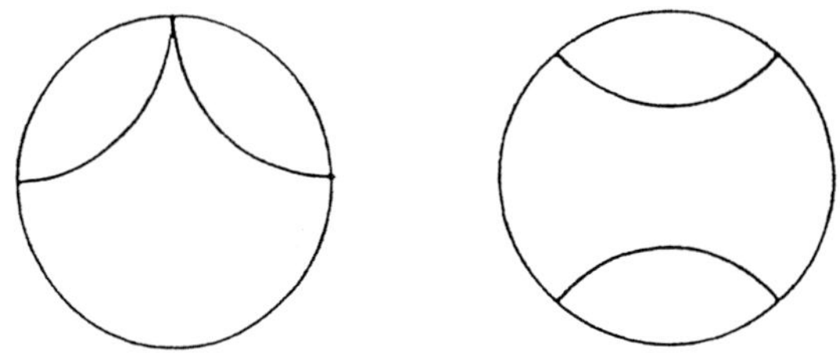

점근선 초평행선

그림 5.10 점근선과 초평행선

5.6 등거리변환의 기하학적 서술

쌍곡평면의 중요한 자산(유용한 성질)은 **무한원** (즉, ∞에 중심을 둔 원)이다. $\mathbb{D}$–모형에서 무한원 $\partial\mathbb{D}$는 그 자신이 $\mathbb{D}$의 점들이 되는 단위원 – $\mathbb{D}$의 Euclid 극한점들의 집합 – 이다. 점 $w(\in \mathbb{D})$의 O에서부터의 $\mathbb{D}$–거리가 $|w| \to 1$일 때 무한대로 가기 때문에 이 점들은 $\mathbb{D}$–거리의 관점에서 보면 무한점이다. $\mathbb{H}$의 무한원 $\partial\mathbb{H}$는 J에 의한 단위원의 역상 $\mathbb{R} \cup \{\infty\}$이다.

쌍곡기하학의 대부분의 개념들은 무한원에 의해 가장 간단하게 서술될 수 있다. 예를 들어, **점근선**들은 무한원위에서 공통교점을 갖는 직선들로 정의할 수 있다. (이때 이 공통 교점은 직선들에 속하지 않고, 오히려 공통 극한점이거나 직선들의 끝점이라는 것이 강조되어야 하지만). 따라서 점근선들은 쌍곡평면 자신에서나 무한원위에서 공통교점을 갖지 않는 **초평행선**과는 구별이 된다 (그림 5.10).

이 구별에 따르면 초평행선에 관한 반사변환들의 곱과 점근선에 관한 반사변환들의 곱을 구별할 수 있다. 앞의 것은 **평행이동**이고, 뒤의 것은 그것이 반사변환의 두 직선의 공통 극한점에 관한 회전변환과 유사하므로 **극한회전변환**이다. 알고 있듯이, **회전변환** (잘 위치한 교선들의 쌍에 대한 반사변환들의 곱)이 있고, **미끄럼반사변환**이 있음도 쉽게 알 수 있다. 이 네 가지 형태들이 쌍곡 등거리변환들의 전부라는 것을 확립하기 전에 이것들을 좀 더 자세히 살펴 보자. 이것들을 "Euclid 형태와 같이" 만드는 좌표의 이점을 이용하고, $\mathbb{H}$와 $\mathbb{D}$ 사이에서 이동함으로써 그것들이 어떻게 평면의 점과 직선들에 영향을 미치는가를 알 수 있다. 각각의 경우에 등거리변환

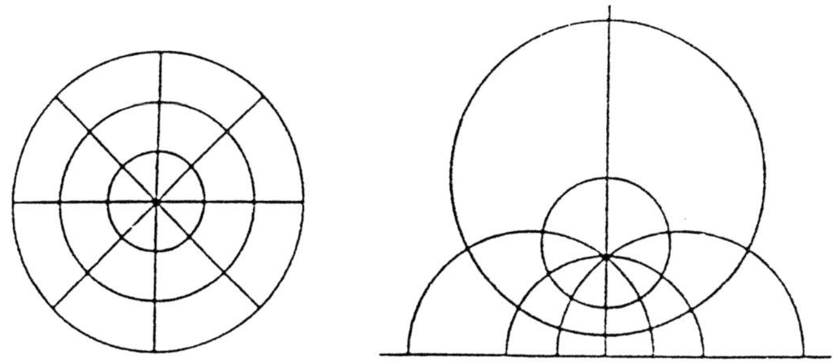

그림 5.11 O에 관한 회전변환에 의한 보존과 치환

은 어떤 족안의 직선들을 치환하고, 족의 모든 직선들에 직교하는 각각의 곡선을 보존한다.

(i) 회전변환

$\mathbb{D}$에서 O에 관한 회전변환은 $r_\vartheta(w) = e^{i\vartheta}w$이다. 이것은 $\mathbb{D}$의 지름 (O를 지나는 $\mathbb{D}$–직선)들을 치환하고, O에 중심을 둔 원 ($\mathbb{D}$–중심 O를 가진 $\mathbb{D}$–원)들을 보존한다. 그림 5.11은 이것과 $\mathbb{H}$에서의 상 또한 잘 보여 준다. 회전변환은 오직 한 개의 고정점 (회전변환의 중심; $\mathbb{D}$에서는 O, $\mathbb{H}$에서는 i)을 갖는다.

(ii) 극한회전변환

$\mathbb{H}$에서 ∞에 관한 극한회전변환은 $\tau_\alpha(z) = \alpha + z$이다. 이 변환은 직선 "$x =$ 상수"(∞를 지나는 $\mathbb{H}$–직선)들을 치환하고 직선들 "$y =$ 상수"를 보존한다. 후자의 곡선은 $\mathbb{H}$–직선이 아닌데 **호로사이클**이라 부른다. $\mathbb{D}$에서는 이것들은 무한원에 접하는 Euclid 원들이다 (그림 5.12). 이 변환은 $\mathbb{D}$나 $\mathbb{H}$에서는 고정점을 갖지 못하지만 무한원위에서는 한 개 ($\mathbb{D}$에서 i, $\mathbb{H}$에서는 ∞)를 갖는다. 이 점은 치환된 직선들의 공통끝점이다.

(iii) 평행이동

$\mathbb{H}$에서 O에서 ∞를 잇는 직선을 따른 평행이동은 $d_\varrho(z) = \varrho z$ ($\varrho > 0$)이다. 이것은 O에 중심을 둔 반원들 (y축에 직교하는 $\mathbb{H}$–직선들)을 치환하고, y축 (평행이동의 직

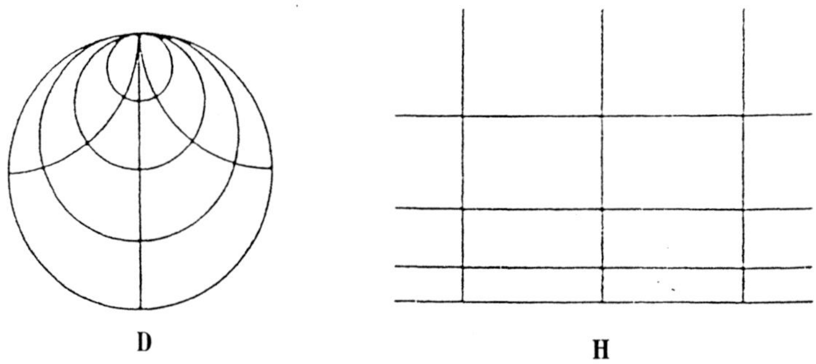

그림 5.12 호로사이클

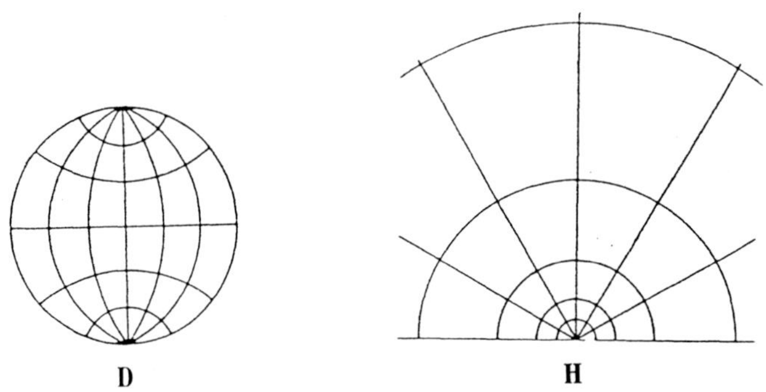

그림 5.13 y축의 등거리 곡선

선(축)이라 불리는 $\mathbb{H}$–직선)과 직선들 $y = cx$ (c :상수)를 보존한다. 후자의 직선들은 $\mathbb{H}$–직선들은 아니지만 y축의 **등거리 곡선**이다. $\mathbb{D}$에서는 이것들은 $-i$와 i를 지나는 곡선들이다 (그림 5.13). 평행이동은 $\mathbb{D}$ 또는 $\mathbb{H}$ 안에 고정점을 갖지 않지만 무한원에서는 불변 $\mathbb{H}$– 또는 $\mathbb{D}$–직선의 끝점에서 두 개 ($\mathbb{D}$에 대해서는 $\pm i$, $\mathbb{H}$에 대해서는 O와 ∞)를 갖는다.

Euclid 직선 $y = cx$가 y축으로부터 $\mathbb{H}$–등거리가 왜 되는지 보기 위해 그 둘 사이에 직교선분 PQ, $P'Q'$을 고려하자 (그림 5.14). PQ는 $\mathbb{H}$–등거리변환인 확대변환에 의해 $P'Q'$으로 보내진다. 따라서 모든 그러한 선분은 같은 $\mathbb{H}$–거리를 갖는다.

(iv) 미끄럼반사변환

미끄럼반사변환은 반사변환과 축이 반사변환의 직선(축)인 평행이동과의 곱이

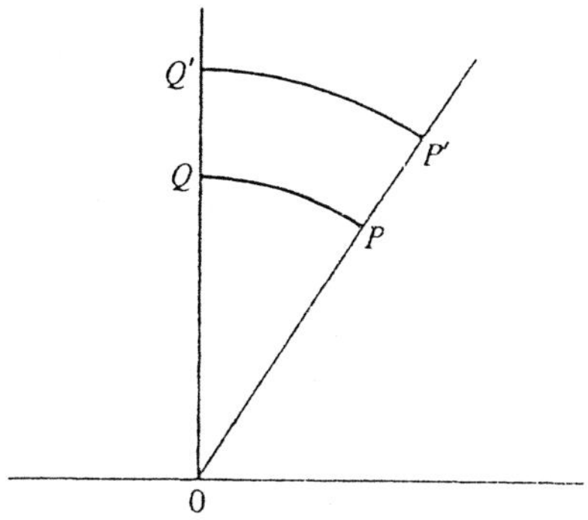

그림 5.14 $\mathbb{H}$–등거리 직선 $y = cx$

다. 따라서 반사변환의 직선(축)을 y축으로 잡으면 평행이동에 대한 위의 서술을 이용할 수 있다. 평행이동처럼 미끄럼반사변환은 하나의 불변직선과 무한원위에 두 개의 고정점 (불변직선의 끝점)을 갖는다.

5.7 등거리변환의 분류

Euclid 기하학과 구면기하학에서처럼 미끄럼반사변환은 유일한 방향 역전 등거리변환이다. 이것은 l이 두 직선 m, n의 공통수선일 때, 임의의 세 개의 반사변환들의 곱을 $\Omega_n\Omega_m\Omega_l$로 변환함으로써 증명될 수 있다. 그러나, 점근선과 초평행선의 존재로 인해 더 많은 경우들이 고려되어야 한다. 불변직선 l 또는 보다 정확히는 그것들의 끝점들을 찾기 위해, 지름길로서, 5.5절에 있는 일반적인 방향역전 $\mathbb{H}$–등거리변환을 사용하겠다.

[보조정리 5.2] 방향역전 $\mathbb{H}$–등거리변환 $\bar{f}$는 무한원위에 두 개의 고정점을 갖는다.

증명 정리 5.8에 의해

$$\bar{f}(z) = \frac{-\alpha\bar{z} + \beta}{-\gamma\bar{z} + \delta} \qquad (\alpha, \beta, \gamma, \delta \in \mathbb{R},\ \alpha\delta - \beta\gamma = 1)$$

라 가정할 수 있다. 따라서 $\bar{f}$는 무한원 $\mathbb{R} \cup \{\infty\}$ 위에서 방정식

$$x = \frac{-\alpha x + \beta}{-\gamma x + \delta} \qquad (x \in \mathbb{R} \cup \{\infty\})$$

의 실수해인 고정점들을 갖는다. 만약 $\gamma = 0$이면 해는 $x = \dfrac{\beta}{\alpha+\delta}, \infty$이고, $\gamma \neq 0$이면 이차방정식 $\gamma x^2 - (\alpha+\delta)x + \beta = 0$을 얻는데, 이것은 해

$$x = \frac{\alpha+\delta \pm \sqrt{(\alpha-\delta)^2+4}}{2\gamma}$$

를 갖는다. $(\alpha-\delta)^2 + 4 > 0$이므로 이것들은 두 개의 해이다. 따라서 $\bar{f}$는 무한원위에 두 개의 고정점을 갖는다. ◇

이 보조정리는 방향역전 등거리변환의 분류를 방향보존 등거리변환의 경우로 바꾸어 주는데, 이는 다시 직선들의 쌍의 분류로 바뀌게 된다. 다음을 보자.

[**정리 5.9** ($\mathbb{H}$–**등거리변환의 분류**)] 쌍곡평면의 각각의 등거리변환은 다음 중의 하나이다 :

(i) 회전변환,

(ii) 극한회전변환,

(iii) 평행이동, 또는

(iv) 미끄럼반사변환.

증명 5.4절과 5.5절에서 각각의 방향보존 등거리변환은 두 개의 반사변환의 곱임을 보았다. 반사변환의 축(직선)들 l, m은 오로지 다음의 세 가지 근본적으로 다른 경우만 취할 수 있다.

(i) l과 m이 만난다.

(ii) l과 m이 점근적이다.

(iii) l과 m은 초평행이다.

경우 (i) : 적당한 좌표계를 도입함으로써 $\mathbb{D}$안에서 l과 m의 교점을 O로 택할 수 있다. 그러면 $\Omega_m \Omega_l$은 $r_\vartheta(w) = e^{i\vartheta}w$ $(\vartheta \in \mathbb{R})$,즉, $\mathbb{D}$–회전변환이다.

경우 (ii) : 적당한 좌표계를 선택함으로써 $\mathbb{H}$ 안에서 l과 m이 ∞에서 점근적이고 l은 y축이 되게 할 수 있다. 그러면 적당한 $\alpha(\in \mathbb{R})$에 대해 $x = \dfrac{\alpha}{2}$이고 $\Omega_m \Omega_l$은 $\tau_\alpha(z) = \alpha + z$, 즉, $\mathbb{H}$–극한회전변환이다.

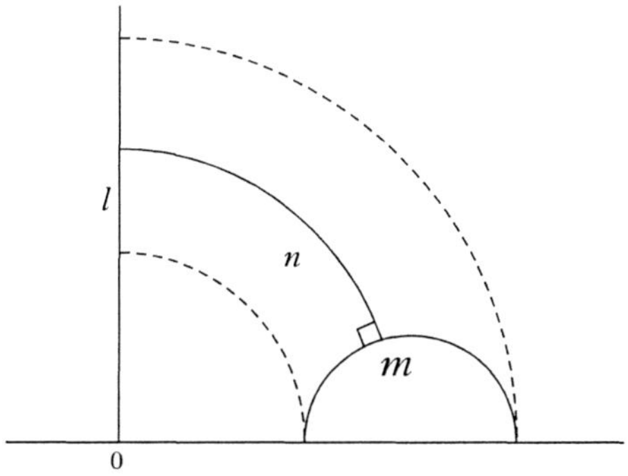

그림 5.15 l에 수직인 $\mathbb{H}$–직선

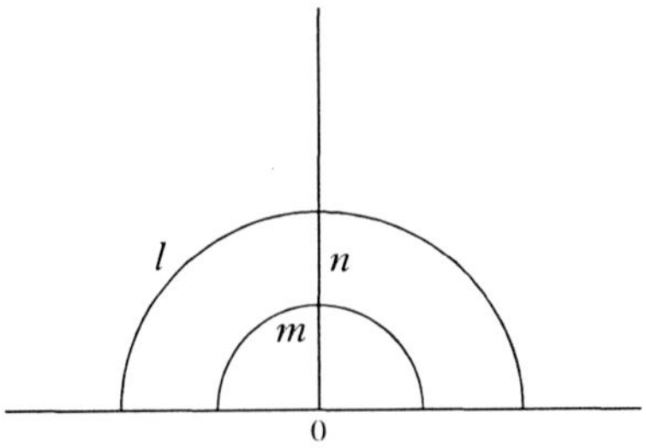

그림 5.16 초평행선 l, m

경우 (iii) : 알맞은 좌표계에 의해 $\mathbb{H}$에서 l은 y축이 되고 m은 l과 만나지 않는 반원이 되게 할 수 있다. l에 수직인 여러가지 $\mathbb{H}$–직선들은 m과 $[0, \pi]$에서 연속적으로 변하는 각을 만든다 (그림 5.15). 따라서 중간값정리를 쓰면 그들 중의 하나 n은 l과 m에 공통수선이다. 그러면, n을 y축이 되게 하는 새 좌표계를 선택함으로써 l과 m은 중심이 O인 반원들이 된다 (그림 5.16). 이제 l, m에 관한 $\mathbb{H}$–반사변환들의 곱은 $d_\varrho(z) = \varrho z$ ($\varrho > 0$), 즉, $\mathbb{H}$–평행이동이다.

만약 $\bar{f}$가 방향역전 등거리변환이라면 보조정리 5.2에 따라 다음 경우를 얻는다.

경우 (iv) : $\bar{f}$는 무한원위에 두 개의 고정점을 갖는다. l을 고정점들을 연결하는 $\mathbb{H}$–직선이라 하고, $\mathbb{H}$–등거리변환 $f = \bar{f}\Omega_l$을 생각하자. Ω_l도 또한 l의 끝점을 고정하므로 f는 이 두 끝점을 고정하는 방향보존 $\mathbb{H}$–등거리변환이다. 방향보존 등거리변환들의 표준형태들 $r_\vartheta, \tau_\alpha, d_\varrho$를 살펴 봄으로써 직선의 끝점을 고정하는 유일한 하나는 그것의 축의 끝점을 고정하는 d_ϱ임을 알 수 있다. 그러므로

$$f = \bar{f}\Omega_l = l\text{이 축인 평행이동}$$

이고, 따라서

$$\bar{f} = f\Omega_l = l\text{이 축인 미끄럼반사변환}$$

이다. ◇

마지막으로 앞의 절과 결합하면 다음을 얻는다.

[**정리 5.10**] 만일 두 쌍곡 등거리변환이 쌍곡적으로 일직선상에 있지 않은 서로 다른 세 점에서 일치하면 이 두 변환은 위반평면 전체에서 일치한다.

5.8 삼각형의 면적

쌍곡평면에서 점근선의 존재는 **점근삼각형**–두변이 점근선인 삼각형–의 존재를 시사한다. 실제로 보통의 삼각형은 두 개의 점근삼각형의 차이다 (그림 5.18) ; 따라서 점근삼각형의 면적이 유한이면 이로부터 일반적인 삼각형의 면적을 구할 수 있다. 우리는 이 면적을 $\mathbb{H}$–모형에서 계산하겠다. 거기서는 Euclid 너비 dx와 Euclid 높이 dy를 갖는 극소 직사각형은 $\mathbb{H}$–너비 $\dfrac{dx}{y}$와 $\mathbb{H}$–높이 $\dfrac{dy}{y}$를 갖고 따라서 $\mathbb{H}$–넓이

$$dA = \frac{dxdy}{y^2}$$

를 갖는다 : 그러므로, 삼각형 Δ의 면적을 계산하기 위해 $\dfrac{1}{y^2}$을 Δ 위에서 적분해야만 한다. 전과 같이 요령은 Δ를 편리한 위치에서 선택하는 것이다.

[**정리 5.11**] 세 각이 $\alpha, \beta, \gamma(=0)$인 점근삼각형 $\Delta_{\alpha\beta}$의 면적은 $\pi - (\alpha + \beta)$이다.

증명 먼저 $\Delta_{\alpha\beta}$가 $\mathbb{D}$에 있다고 가정하면, $\Delta_{\alpha\beta}$의 극한꼭지점이 i가 되게 하기 위해 O에 관해 회전시킨다. 그러면 $\mathbb{H}$에서의 $\Delta_{\alpha\beta}$의 상은 그것의 점근변으로 수직선분을 갖게 되고 세번째 변은 실축위에 중심이 있는 반원이다. $\mathbb{H}$–등거리변환 $z \mapsto$

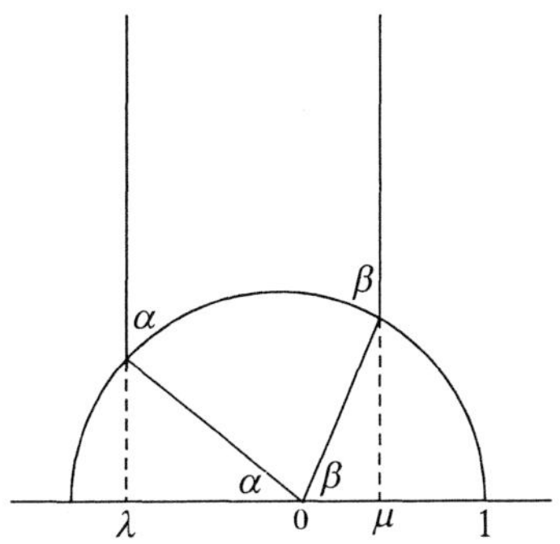

그림 5.17 점근삼각형 $\Delta_{\alpha\beta}$

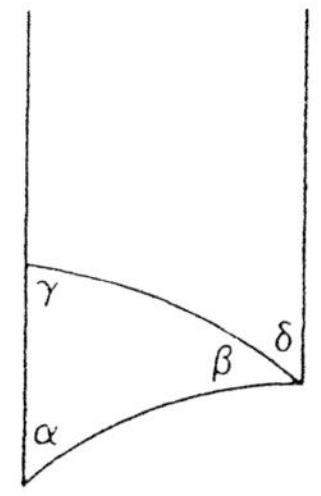

그림 5.18 삼각형 $\Delta_{\alpha\beta\gamma}$

$\delta + z\,(\delta \in \mathbb{R})$에 의해 이 반원의 중심이 O가 되게 할 수 있고, 이것에 더해 $\mathbb{H}$–등거리변환 $z \mapsto \varrho z\,(\varrho \in \mathbb{R})$를 적용하여 반지름이 1이 되게 만들 수 있다. 따라서 $\Delta_{\alpha\beta}$를 그림 5.17에 주어진 형태로 가정해도 일반성을 잃지 않는다.

반지름들은 원에 수직이라는 사실로부터 O에서의 각들은 그림에서 보여진 것처럼 α와 β이다. 그러면 반지름의 길이가 1이므로 $\lambda = \cos(\pi - \alpha)$이고 $\mu = \cos\beta$이다. $\mathbb{H}$–면적 dA에 대한 식으로부터

$$\text{면적}\,(\Delta_{\alpha\beta}) = \int\!\!\int_{\Delta_{\alpha\beta}} \frac{dxdy}{y^2} = \int_\lambda^\mu dx \int_{\sqrt{1-x^2}}^\infty \frac{dy}{y^2} = \int_\lambda^\mu \frac{dx}{\sqrt{1-x^2}}$$

를 얻고, 변수변환 $x = \cos\vartheta$에 의해

$$\int_{\lambda=\cos(\pi-\alpha)}^{\mu=\cos\beta} \frac{dx}{\sqrt{1-x^2}} = \int_{\pi-\alpha}^{\beta} \frac{-\sin\vartheta d\vartheta}{\sin\vartheta} = \pi - \alpha - \beta$$

를 얻는다. ◇

[**따름정리 5.8**] 세 각이 $\alpha, \beta, \gamma(\neq 0)$인 삼각형 $\Delta_{\alpha\beta\gamma}$의 면적은 $\pi - (\alpha + \beta + \gamma)$이다.

증명 $\Delta_{\alpha\beta\gamma}$의 한 변을 ∞로 확장시켜서 $\Delta_{\alpha\beta\gamma}$를 두 점근삼각형 $\Delta_{\alpha,\beta+\delta}$와 $\Delta_{\pi-\gamma,\delta}$의 차로써 그림 5.18처럼 표현할 수 있다. 적분들, 따라서 면적들은 가법성이 성립하므로

$$
\begin{aligned}
\text{면적}(\Delta_{\alpha\beta\gamma}) &= \text{면적}(\Delta_{\alpha,\beta+\delta}) - \text{면적}(\Delta_{\pi-\gamma,\delta}) \\
&= \pi - (\alpha + \beta + \delta) - \pi + (\pi - \gamma + \delta) \\
&= \pi - (\alpha + \beta + \gamma)
\end{aligned}
$$

◇

[**정의 5.2**] 위의 값 $\pi - (\alpha + \beta + \gamma)$를 **각부족**이라 부른다.

이 각부족은 항상 양수이다. 따라서 다음이 성립한다.

[**정리 5.12**] 임의의 쌍곡삼각형의 내각의 합은 π보다 작다.

증명 연습문제로 남긴다. ◇

[**정리 5.13**] 합이 π보다 작은 세 각이 주어지면 그것들은 실제로 적당한 쌍곡삼각형의 각들이다.

증명 연습문제로 남긴다. ◇

[**정리 5.14**] 쌍곡적으로 합동인 삼각형들은 같은 쌍곡면적을 갖는다.

5.9 사영원반모형

사영원반모형은 쌍곡직선들의 상이 $\mathbb{R}^2$의 직선이 되도록 쌍곡평면을 $\mathbb{R}^2$로 사상함으로써 만들어진다. Beltrami([1868'])에 의해 고안된 등각원반모형으로부터 이 모형을 구성하는 아주 간단한 방법이 그림 5.19에 보여져 있다. 위의 것은 고전적인

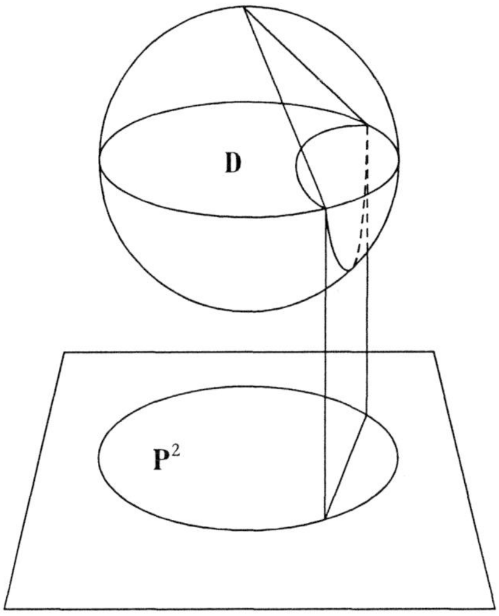

그림 5.19 $\mathbb{D}$와 그 사영 $\mathbb{P}^2$

$\mathbb{D}$–직선이 그려진 원반 $\mathbb{D}$를 역입체사영에 의해 구의 아래 반쪽에 사상함을 보여준다. 4.5절에서 보았지만 입체사영은 원과 각을 보존한다. 따라서 $\mathbb{D}$–직선들은 적도에 수직인 원들로 사상된다. 아래 반구에 있는 $\mathbb{D}$–직선의 상은 수직단면이고, 따라서 반구를 평면 $\mathbb{R}^2$ 위로 수직으로 투영시키면 $\mathbb{D}$–직선의 상은 직선이 된다.

$\mathbb{D}$의 이 변환 T가 분명히 전단사이므로, 이것은 다음 성질을 갖는 새로운 쌍곡평면의 모형을 정의한다 :

- 영역 : $\mathbb{P}^2 = T\mathbb{D}$=열린단위원반
- $\mathbb{P}^2$–직선=$\mathbb{D}$–직선의 T–상=$\mathbb{P}^2$를 횡단하는 Euclid 직선 선분.
- $\mathbb{P}^2$–등거리변환=TgT^{-1} ($g : \mathbb{D}$–등거리변환)

(다음에 보이겠지만) $\mathbb{P}^2$–등거리변환은 실제로는 $\mathbb{R}^2$의 사영사상이기 때문에 이 모형을 **사영원반모형**이라 부른다.

사영원반모형은 각과 길이를 변형시키기 때문에 $\mathbb{D}$나 $\mathbb{H}$보다 덜 직관적인 것같이 보인다. 그러나, $\mathbb{P}^2$–직선의 직선성은 다소간의 유리한 점이 있다. 예를 들어, 임의의 두 점을 지나는 유일한 쌍곡직선이 존재한다는 것은 분명해진다. 한가지 다른 결

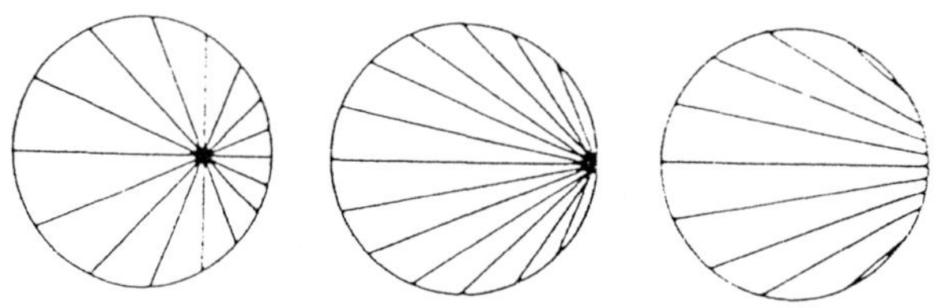

그림 5.20 사영원반모형에서 변환에 의해 치환된 직선족

과는 이렇다 : **쌍곡다각형이 볼록이기 위한 필요충분조건은 그것의 모든 각이** π**보다 작은 것이다** (Poicaré[1880]). 이것은 $\mathbb{P}^2-$직선들로 이루어진 Euclid 다각형에 대해 분명한 사실이다. 따라서 이것은 $\mathbb{D}$ (이 안에서 각은 Euclid의 의미를 가졌다) 안에 있는 그것들의 역상에 대해서도 성립한다. (이는 T가 각이 π보다 작은 성질을 보존하기 때문이다.)

사영원반모형은 다른 모형들에서는 거의 분별(구별)할 수 없는 사실을 우리에게 경고한다 : 점 "beyond infinity"에 대한 의미가 부여된다. 극한회전변환은 무한점에 관한 회전변환으로 볼 수 있음을 앞에서 보았다. 이제 쌍곡 평행이동은 "beyond infinity"에 관한 회전변환으로 볼 수 있음을 보일 것이다. 실제로, 회전변환, 극한회전변환과 평행이동에 의해 치환된 직선족은 사영원반모형에서 그림 5.20에서와 같이 나타난다. 5.6절에 따르면 평행이동에 의해 치환된 직선들은 평행이동의 불변선에 직교한다. 그것들이 공통 교점을 갖는 이유는 임의의 $\mathbb{P}^2-$직선 l에 수직인 직선들은 l의 끝점을 지나 단위원에 접하는 직선들의 교점인 l의 **극** $p(l)$을 지나기 때문이다 (그림 5.21). 이것은 다음의 결과이다 :

[정리 5.15 (직교성 조건)] $\mathbb{P}^2-$직선 l과 m이 $\mathbb{P}^2-$직교하기 위한 필요충분조건은 $p(m)$이 l위에 $p(l)$이 m위에 놓여 있는 것이다.

증명 $C(l), C(m)$을 T에 의해 각각 l, m으로 보내지는 $\mathbb{D}-$직선이라 하자 (그림 5.22). $C(l), C(m)$이 단위원에 직교하는 원이기 때문에 그들의 중심은 각각 l, m의 극 $p(l), p(m)$이다.

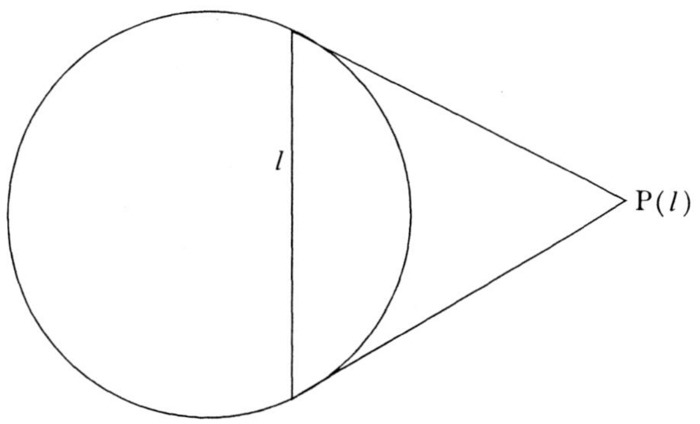

그림 5.21 l의 극 $p(l)$

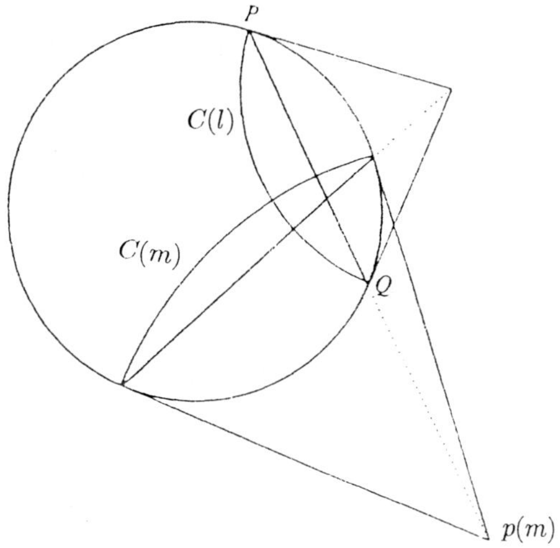

그림 5.22 $\mathbb{P}^2$−직선의 $\mathbb{P}^2$−직교성

$C(l)$과 $C(m)$이 직교한다고 하자. 그러면 (그들 모두가 그들의 교점을 포함하고 $C(m)$과의 직교성을 보존하므로) $C(m)$에 대한 반전사상은 $C(l)$과 단위원을 자신위로 사상한다. 따라서 그들의 교점 P와 Q를 교환한다. 그러나 반전사상의 정의에 의하면 만약 두 점이 반전사상에 의해 교환된다면 그것들을 지나는 Euclid 직선 (이 경우에는 l)은 반전사상의 중심 (이 경우에는 $p(m)$)을 지난다. 따라서 $p(m)$은 l위에 놓여 있고, 반사변환에 의해 $p(l)$은 m위에 놓여 있다.

역으로, 만약 $p(m)$이 l 위에 있다면, $C(m)$에 관한 반전사상은 l과 단위원을 자신위로 사상하고, 따라서 P와 Q를 서로 교환하며, 결과적으로 $C(l)$을 자신위로 보낸다. [이것은 이 반전이 $C(l)$을 P와 Q를 지나고 단위원에 수직인 원위로 사상하고, $C(l)$이 그러한 조건을 만족하는 유일한 것이기 때문이다.] 그러나 이것은 $C(l)$이 $C(m)$과 수직임을 말한다. ◇

직교성 조건은 $\mathbb{P}^2$–등거리변환이 $\mathbb{R}^2$의 사영사상, 즉 Euclid 직선을 Euclid 직선으로 보내는 사상으로 확장될 수 있다는 표현상 분명하지만 미묘한 사실을 증명하는데 사용되어 질 수 있다. 따라서 $\mathbb{P}^2$–등거리변환은 원반 $\mathbb{P}^2$를 자신위로 보내는 사영사상이다. 실제로 $\mathbb{P}^2$–등거리변환은 그러한 모든 사상들이다. 이 사실을 증명하는 것은 사영기하학의 기본정리를 필요로 하여 지금으로서는 좀 어려우며 당장 필요치 않기 때문에 생략한다. 단지 이 사실의 한 가지 관심있는 결과만 언급하겠다 : 쌍곡직선을 쌍곡직선으로 보내는 쌍곡평면의 유일한 사상은 등거리변환이다.

$\mathbb{P}^2$의 그림은 자주 볼 수 없는데 이는 아마도 세부 사항들이 $\mathbb{H}$–모형과 $\mathbb{D}$–모형에서 보다 경계에 더 압축되어 있기 때문일 것이다. 아직까지도 대부분의 세부사항들은 작은 면적을 가진 삼각형들에 의한 쪽맞추기에서 볼 수 있다. 그림 5.23은 각 $\frac{\pi}{2}, \frac{\pi}{3}, \frac{\pi}{7}$ (왼쪽)와 $\frac{\pi}{2}, \frac{\pi}{4}, \frac{\pi}{5}$ (오른쪽)를 가진 삼각형들에 의한 쪽맞추기를 보여 준다.

연습문제

1. 점 $(8,4)$와 $(0,8)$을 잇는 측지선의 쌍곡길이를 구하라.

2. 점 $A(a,p)$와 $B(a,q)$를 잇는 측지선의 쌍곡중점 M을 구하라.

3. y 축위의 두 점 i와 $i\beta$를 연결하는 측지선 선분의 $\mathbb{H}$–길이를 계산하라.

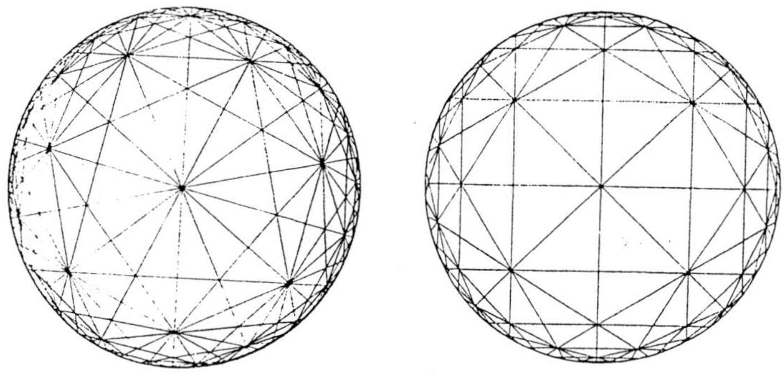

그림 5.23 쪽맞추기

4. 단위원에 관한 반전사상이 $\mathbb{H}$–등거리변환임을 직접 계산에 의해 보여라.

5. $\mathbb{H}$상의 임의의 두 점 z_1, z_2를 지나는 $\mathbb{H}$–직선의 존재성을 보여주는 Euclid 기하학적 구성을 하라.

6. 변환 r_ϑ와 Ω_{OX}를 2.3절에서처럼 $r_\vartheta(w) = \mathrm{rot}\,\vartheta(w)$와 $\Omega_{OX}(w) = \mathrm{ref}\,\vartheta(w)$로 표현할 수 있음을 증명하라.

7. P, P'을 원 $C \subset \mathbb{C}$에 관한 역상이라 하자. 알맞은 축들을 택함으로써 이 두 점을 $\mathbb{H}$–직선 C에 관한 $\mathbb{H}$–거울상으로 볼 수 있음을 증명하라.

8. 앞의 문제를 이용해 $\mathbb{D}$–반사변환은 $\mathbb{D}$–직선에 관한 반전사상임을 유도하고, 따라서 각각의 $\mathbb{D}$–등거리변환은 많아야 세 개의 반전사상의 곱임을 보여라.

9. τ_α와 d_ϱ는 두 $\mathbb{H}$–반사변환의 곱임을 증명하라.

10. $\mathbb{H}$–등거리변환은 쌍곡각을 보존함을 증명하라.

11. $\mathbb{H}$–등거리변환은 측지선을 측지선으로 보냄을 보여라. 같은 명제가 $\mathbb{D}$에 대해서도 성립함을 증명하라.

12. 사상

$$w \mapsto \frac{w - w_1}{-\bar{w}_1 w + 1}$$

은 w_1을 O로 보냄을 관찰하고, $\mathbb{D}$ 상의 두 점 w_1, w_2 사이의 $\mathbb{D}$–거리가

$$2\tanh^{-1}\left|\frac{w_2 - w_1}{1 - \bar{w_1}w_2}\right|$$

임을 밝혀라.

13. 위의 문제의 사상을 이용해 입체사영상이 w_1, w_2인 두 점사이의 $\mathbb{S}^2$–거리가

$$2\tan^{-1}\left|\frac{w_2 - w_1}{1 + \bar{w_1}w_2}\right|$$

로 주어짐을 보여라.

14. 사상

$$w \mapsto \frac{(1 - i\sigma)w + i\sigma}{-i\sigma w + (1 + i\sigma)}$$

는 유일한 고정점이 1인 $\mathbb{D}$–등거리변환임을 밝혀라. 이러한 $\mathbb{D}$–등거리변환을 **1에 관한 극한회전변환**이라 부른다.

15. 위의 사실로부터 임의의 $\mathbb{D}$–등거리변환은 다음의 형태를 가짐을 보여라 :

(O에 관한 회전변환)(1에 관한 극한회전변환)(O에 관한 회전변환).

16. 사상 $J(z) = \dfrac{iz+1}{z+i}$은 실축을 단위원으로 그림 5.24처럼 사상함을 보여라.

17. 만약 l, m이 점근 $\mathbb{H}$–직선이고 l'이 l, m의 공통 끝점을 공유하는 임의의 $\mathbb{H}$–직선이라면, $\Omega_m\Omega_l = \Omega_{m'}\Omega_{l'}$을 만족하는 $\mathbb{H}$–직선 m'이 존재함을 증명하라.

18. 위의 문제에서 l, m, l'이 공통수선을 갖는 $\mathbb{H}$–직선이라 해도 같은 결과가 성립함을 보여라.

19. 공식 "면적 $(\Delta_{\alpha\beta\gamma}) = \pi - (\alpha + \beta + \gamma)$"는 각 α, β, γ중의 둘 또는 셋이 0이 되더라도 성립함을 증명하라.

20. 만약 Σ가 쌍곡 n–각형이고, "결손 (Σ) $=$ $(n-2)\pi$ $-$ (Σ의 각의 합)"이라면 "면적 (Σ) $=$ 결손 (Σ)"임을 보여라. $n = 2$인 경우를 이용해 두 점사이의 쌍곡직선은 유일함을 증명하라.

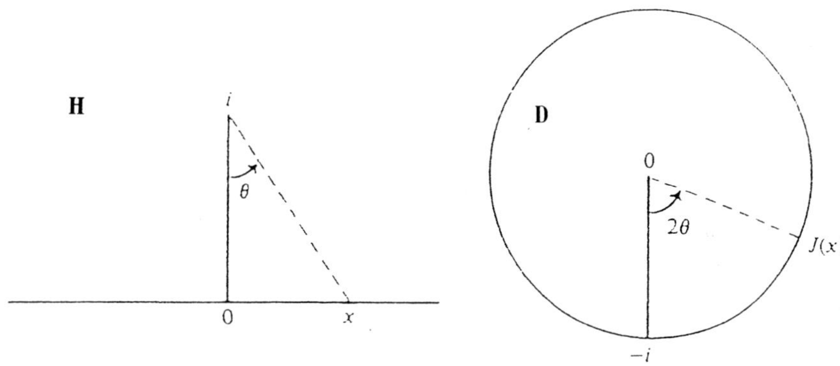

그림 5.24 $\mathbb{H}$에서 $\mathbb{D}$ 위로의 사상 J

21. 정리 5.12를 증명하라.

22. 정리 5.13을 증명하라.

23. 교차하지 않고, 점근적이 아닌 임의의 두 쌍곡 직선은 유일한 공통수선을 가짐을 보여라.

24. $\mathbb{P}^2$와 교차하는 $\mathbb{P}^2$-직선들의 극대집합을 **내부속**이라 하고, 단위원 $\partial\mathbb{P}^2$와 만나는 $\mathbb{P}^2$-직선들의 극대집합을 **경계속**이라 하고, $\mathbb{P}^2 \cup \partial\mathbb{P}^2$에 있지 않은 점과 만나는 $\mathbb{P}^2$-직선들의 극대집합을 **외부속**이라 한다. $\mathbb{P}^2$-등거리변환은 각 속을 같은 종류의 속으로 보냄을 증명하라.

25. $\mathbb{P}^2$-등거리변환 $g : \mathbb{P}^2 \to \mathbb{P}^2$를 다음 조건을 만족하도록 사상 $g^* : \mathbb{P}^2 \to \mathbb{P}^2$로 확대하라 : $P \notin \mathbb{P}^2$의 g^*-상이 P를 지나는 속의 g-상 속의 중심이 된다. g^*는 $\mathbb{P}^2$를 지나는 Euclid 직선들을 $\mathbb{P}^2$를 지나는 Euclid 직선으로 보냄을 증명하라.

26. 내부속 또는 경계속의 원소들의 극들의 집합은 $\mathbb{P}^2$의 밖에서 Euclid 직선을 형성한다.

27. 문제 25의 g^*는 $\mathbb{P}^2$ 밖의 Euclid 직선을 $\mathbb{P}^2$ 밖의 Euclid 직선으로 사상함을 보여라.

28. $\mathbb{P}^2$의 두 점 P, Q 사이의 직선의 길이 $d_p(P, Q)$를 정의하고 삼각부등식을 증명하라.

29. $\mathbb{P}^2$에서 각의 내부를 정의하라. 횡단막대정리가 성립하는가 ?

30. $\mathbb{P}^2$에서 삼각형을 정의하고, P, Q와 R이 세 개의 공선점이 아닌 $\mathbb{P}^2$의 점이라면, P, Q와 R을 꼭지점으로 하는 유일한 삼각형이 존재함을 증명하라.

참고 문헌

[1] Henle, M., *Modern Geometries : The Analytic Approach,* Prentice Hall, 1996.

[2] Greenberg, M. J., *Euclidean and non-Euclidean Geometries, Development and History,* 2d ed., San Francisco: Freeman, 1980.

[3] Johnsonbaugh, R., and Paffenberger, W., *Foundations of Mathematical Analysis,* Marcel Dekker, Inc., 1981.

[4] Milnor, J., Hyperbolic geometry: The first 150 years, *Bull. Amer Math. Soc. (New Series)* 6 (1982), 9-24.

[5] Nomizu, K., *Fundamentals of Linear Algebra,* New York: McGraw-Hill, 1966.

[6] Ryan, P., *Euclidean and Non-Euclidean Geometry,* Cambridge University Press, 1986.

[7] Smith, L., *Linear Algebra,* Springer-verlag, 1978.

[8] Stahl, S., *The Poincaré Half-plane,* Jones and Bartlett, 1993.

[9] Stillwell, J., *Geometry of Surfaces,* Springer-verlag, 1992.

[10] 고석구, 복소해석학원론, 교우사, 1995.

[11] 박승안, 사영평면과 아핀평면, 청문각, 1993.

[12] 백용배, 현대기하학, 교학연구사, 1984.

[13] 신용태, 기하학개론 I, 교학연구사, 1993.

찾아 보기

[자]

[하]

고석구
서울대학교 사범대학 수학과(이학사)
University of Connecticut 수학과 복고해석학 전공 (Ph.D)
University of Connecticut 조교수
현, 건국대학교 자연과학대학 전산수학부 응용수학전공 교수

〈저서〉
복소해석학원론(저서, 교우사), 컴퓨터활용(저서, 생능)
미적분학과 해석기하학(역서, 대영사) 외 논문 및 역서 다수

기하학개론

초판발행 1998년 3월 2일
개정판 7쇄 발행 2024년 1월 5일

지은이 고석구

펴낸이 오판근
펴낸곳 (주) 교우
주 소 서울시 동대문구 약령시로 8 교우빌딩 2층 (주)교우
전 화 02-925-2861 / **팩 스** 070-7966-8610. **편집부** 02-925-2825
홈페이지&북스토어 www.kyowoo.co.kr / **이메일** kyowoo@kyowoo.co.kr

등 록 1994년 3월 24일 제1994-000013호
ISBN 978-89-8172-095-7(93410)

Published by Kyowoo Co., Ltd. Printed in Korea

(주) 교우는 보다 혁신적이고 참신한 도서를 다양하게 기획하고 있습니다.
책으로 펴내고자 하는 아이디어나 원고는 메일로 보내주세요.
(주) 교우는 전과정을 책임지고 최선을 다하겠습니다.

값 16,000원

교우미디어는 (주) 교우의 Imprint 사입니다.
수학정원·과학정원은 (주) 교우의 새로운 브랜드명입니다.

잘못된 책은 구입하신 서점에서 교환해 드립니다.